供热计量改革百问

住房和城乡建设部/世界银行/全球环境基金
"中国供热改革与建筑节能项目"管理办公室 　组织编写

中国建筑工业出版社

图书在版编目（CIP）数据

供热计量改革百问/住房和城乡建设部，世界银行，全球环境基金，"中国供热改革与建筑节能项目"管理办公室组织编写. —北京：中国建筑工业出版社，2015.10
ISBN 978-7-112-18415-6

Ⅰ．①供…　Ⅱ．①住…②世…③全…④中…　Ⅲ．①供热系统-热量计量-问题解答　Ⅳ．①TU833-44

中国版本图书馆 CIP 数据核字（2015）第 205486 号

责任编辑：刘爱灵　张文胜
责任设计：张　虹
责任校对：李美娜　刘梦然

供热计量改革百问

住房和城乡建设部/世界银行/全球环境基金
"中国供热改革与建筑节能项目"管理办公室　组织编写

*

中国建筑工业出版社出版、发行（北京西郊百万庄）
各地新华书店、建筑书店经销
北京红光制版公司制版
北京同文印刷有限责任公司印刷

*

开本：850×1168 毫米　1/32　印张：3⅛　字数：83 千字
2015 年 10 月第一版　2015 年 10 月第一次印刷
定价：20.00 元
ISBN 978-7-112-18415-6
（27673）

前　言

　　随着我国城镇化发展和居民居住生活条件的提高，建筑用能占全社会总能耗的比例不断升高，建筑节能在国家节能减排工作的任务不断加强。我国北方采暖地区建筑的冬季供暖能耗是全社会建筑能耗的重要组成部分，且存在着巨大的节能潜力。同时，实施北方采暖地区供热计量，除可以大量节约供热能源外，还可以有效改善室内热环境、提高供热系统效率、提高居民节能意识，并通过减少冬季供暖期的排放有效防治大气污染，对于全社会节能减排、促进住房城乡建设领域发展方式转变与经济社会可持续发展，具有十分重要的意义。

　　2005年全球环境基金赠款1800万美元设立了世界银行/全球环境基金"中国供热改革与建筑节能"项目，以支持中国供热计量改革，推动建筑节能。"中国供热改革与建筑节能"项目以供热计量改革为中心，以示范工程为平台、以技术援助项目以及宣传培训为手段，确定了天津、承德、唐山等7个示范城市；在示范城市共实施了6个新建居住三步和四步节能建筑供热计量收费和建筑节能示范工程，示范建筑面积达110万 m²；实施了3个既有二步和三步节能居住建筑供热计量改造和收费示范工程，建筑面积达313万 m²；实施了5个民用建筑供热计量信息和能耗监测平台示范工程，涉及建筑面积达到3.85亿 m²；先后开展了47项政策和技术研究项目；编制印刷了"中国供热改革与建筑节能项目"成果册19本；组织开展了37次宣传、培训与扩散活动。"中国供热改革与建筑节能"项目的实施，对我国推进供热计量改革、提升建筑节能标准起到了有力的推动作用，做出了卓有成效的贡献。

　　截至2014年底，供热计量收费面积达到了9.9亿 m²，其中居住建筑 7.76 亿 ㎡，大部分用户节省了热费。承德、鹤壁、榆中、天津等城市的实践证明，实施供热计量收费、提高调控水平，供热系统至少可以节能 30% 以上。如果我国北方采暖地区所有城市全部实现了供热计量收费，每年可节约 4000 多万吨标准煤，5 年就可实现节约 2 亿多吨标准煤，减排二氧化碳 4 亿多吨。可以说，能否全面有效推行供热计量改革不仅是完成建筑领域节能减排任务的关键，更是关系到整个国家节能减排任务能否完成的关键。

供热计量改革涉及居民家庭、供热单位、房屋产权单位、政府管理部门等多个主体，涵盖了技术、政策、认识、组织管理和群众工作等方面的问题，具有一定的复杂性。为此，我们组织专家在总结世界银行/全球环境基金"中国供热改革与建筑节能项目"经验的基础上，结合国内开展供热计量改革的实际，编写了《供热计量工作百问》（以下简称《百问》）。《百问》共 101 条，以问答形式，深入浅出地阐述了供热计量改革的背景和意义、政策法规、标准规范、组织管理、群众工作、相关技术、示范经验等方面的问题。《百问》既有知识性介绍，也有问题解答，可作为北方采暖地区供热计量的工作手册，既适合政府主管部门和技术管理人员参考，也适合从事建筑节能、供热等领域的设计施工建设单位查阅，同时也可以作为居民和学生的知识性读物和培训教材。

辛坦、戚仁广、田雨辰、辛奇云、张群力、罗志荣、全贵婵、侯文峻、喻越等同志参与了《百问》的编写工作；住房和城乡建设部建筑节能与科技司韩爱兴副司长对《百问》的编写、整理及出版给予了大力支持，并提出了很多建设性意见。在此对以上同志的辛苦工作和无私奉献表示衷心的感谢。

我国的供热计量与建筑节能工作正在走向规模化，许多认识还需要在实践中深化和完善。《百问》的内容难免存在疏漏之处，敬请读者不吝指正。

《供热计量改革工作百问》编写组

北京，2015 年 7 月 26 日

目　录

8

1. 什么是供热计量改革?

供热计量是指采用集中供热方式的热计量,包括热源、热力站供热量以及建筑物(热力入口)、热用户的用热量的计量。供热计量改革就是逐步取消按面积计收热费,实现按用热量计收热费。

2. 推进供热计量改革对国家有哪些好处?

推进供热计量改革对国家而言,不仅可以实现节能减排,还可以减少固定资产投资,扩大内需。

(1)推进供热计量改革可以实现节能减排。实践证明,实施供热计量收费可以实现节能约30%,减少细颗粒物排放约30%。目前我国北方每年采暖煤耗为1.5亿吨标准煤,实施供热计量后,每年可以节约2000多万吨标准煤,减少5000多万吨二氧化碳气体排放。因此,推进供热计量改革也是北方采暖地区落实大气污染防治的重要措施。

(2)推进供热计量改革可以减少固定资产投资。目前北方采暖地区集中供热具有改造价值的建筑约30亿 m^2 ,如果全部改造并实施供热计量收费,在不增加能耗的情况下,可以有效增加20亿 m^2 供热面积。因此,推进供热计量改革后6~7年北方采暖地区全部新建建筑不需新增热源就可以实现供热,避免了热源投资的浪费和供热产能的过剩。

(3)推进供热计量改革可以有效扩大内需。推进供热计量改革可以拉动产业链、增加就业、促进生产、增加人民群众收入,形成新的经济增长点,是稳增长、调结构的有效途径。

3. 推进供热计量改革对供热单位有哪些好处?

推进供热计量改革可以帮助供热单位节约能源费用、提升运行管理水平,提高供热的经济效益,是供热单位可持续发展的必由之路。

(1)推进供热计量改革可以节约能源费用。实践证明,实施计量收费后，供热单位可以节能 30%。承德热力集团公司自 2004 年实施供热计量改革后，热、水、电、煤四项主要能耗指标逐年降低。2014 年热、水、电单耗分别为 0.39GJ/m^2、42kg/m^2、1.2kWh/m^2，煤耗 16 kg/m^2，比 2004 年分别降低了 16.94%、33.9%、30.86%、23.91%。

（2）推进供热计量改革可以提升运行管理水平。承德热力集团公司实施计量收费后，促使供热单位开展热源、热网和用户系统全面节能和计量改造，提升硬件设施。伴随着技术水平的提高，供热单位在系统调控、抄表、收费等方面的管理水平也得到进一步提高，促进供热单位实现精细化管理。

（3）推进供热计量改革可以提高供热的经济效益。实施计量收费，用户通过行为节能，用多少热、交多少费，不仅提高了舒适度，还节约了热费，主动交费的积极性提高，供热单位的收费率也逐步提高。供热单位通过计量收费，在原有供热能力不变的情况下可以扩大供热面积，获得明显的综合经济效益。如榆中县随着既有居住建筑供热计量及节能的逐年改造，2009 年以来县城集中供热面积新增了 83 万 m^2，而供热用煤总量没有增加，仍在 6 万 t 左右。

4. 推进供热计量改革对热用户有哪些好处？

推进供热计量改革可使热用户实现自主调节室温，提高舒适度，通过行为节能来节省热费。

（1）推进供热计量改革可以提高舒适度。供热计量改革促进热用户在用热时自主控制和调节室内温度。在同样的供热参数下，计量收费用户室内温度普遍可提高 3～5℃，室内舒适度大幅提升。

（2）推进供热计量改革可以节省热费。由于热用户的行为节能，减少了热量消费，所交的热费也会相应减少。榆中县实施供热计量收费近 5 年来，居民热用户热费支出平均减少约 17.5%，受益面达到 88.9%。公共建筑热用户节约热费 30% 以上。承德热力集团公司实施供热计量收费后，已累计为热用户实施按计量退费达 6500 多万元。80％居民热用户节约了热费。

5. 欧洲主要国家供热计量收费发展现状是什么？

20 世纪 70 年代，能源危机导致燃料价格大幅上涨，能源消费总量的增长也进一步加剧了环境污染。为节约能源、保护环境，欧洲一些发达国家加快供热计量立法，实施供热计量收费，减少供热能耗，集中供热按热量计费已成为各国节能环保的一项基本措施，也是世界各国发展的趋势。1993 年，欧盟理事会发布《通过提高能源效率限制二氧化碳排放指令》93/76/EEC，SAVE，要求成员国供热、空调和热水按照实际消耗量计量收费。2012 年 12 月 5 日，欧洲能效指令 2012/27/EC 正式生效，指令中第 9～12 条列出了关于计量、收费和账单的相关要求。目前，北欧各国已基本采用供热计量方式进行热费结算。

（1）德国。早在 1981 年，德国就颁布关于供热计量收费的法令，要求在所有新建和既有多层建筑公寓中安装分户热计量装置，按计量耗热量付费，但没有规定强制性供热计量方式。1989 年，东西德统一后修订法令，要求在 1995 年前原东德地区多层住宅必须安装热计量装置。目前，约 98％的公寓住户根据实际耗热量计算并缴纳热费。

（2）丹麦。1996 年前，丹麦已有不少建筑实行供热计量收费，不过只是自愿行为。1996 年 10 月 9 日，丹麦住房与建设部颁布法规要求，既有建筑应于 1999 年 1 月 1 日前安装热计量装置。法规的颁布意味着供热计量收费已成强制行为。如今，丹麦区域供热面积占全国总供热面积的 62％，每年人均采暖耗能量大约为 8.3MWh。

（3）波兰。1995 年，波兰开始在新建建筑和现代化改造的既有建筑中实施供热计量，要求将用热量按实际使用情况分摊到户。1999 年开始，要求所有热交换站必须安装独立热量表，独立计量采暖与生活热水用量。到 1999 年底，所有住户均按实际用热量付费。

（4）芬兰。经济和技术已经成为芬兰集中供热发展的驱动力，芬兰集中供热的价格是欧洲最低的。热价由每家热力公司独立制定，热电厂向热力公司收取费用，热力公司根据热量表向物业公司收费，物业公司向各业主收取采暖费。

6. 国外供热计量改革经验对我国的借鉴意义有哪些？

发达国家成功推行供热计量收费的主要经验有：

（1）供热计量立法。早在 1976 年，德国就通过了《建筑节能法》，之后陆续制定了《集中供热通用条件管理条例》、《采暖和生活热水计量收费条例》、《分户计量结算采暖热费和热水费用的实施准则》、《运行费用管理条例》等一系列法令，并在实践中不断修改完善。1979 年，丹麦制定《集中供热法》，对丹麦供热规划的方式和内容提出了明确要求。芬兰、瑞典等国也有同样的热价制定政策。

（2）落实建筑物业主安装热计量装置的责任和义务。德国《供热计量收费条例》明确规定，建筑物业主对用户采暖和热水消耗有分户计量的义务，业主有在其出租的房屋内安装计量装置的义务，用户必须接受这些装置的安装；业主有选择计量装置的权利，如果业主采用租赁分户计量装置的方法，必须事先向用户通报计量装置的费用，用户有权要求房产主履行上述义务；如果业主不实施供热计量收费，用户有否决权和少交 15％热费的权力。

（3）确立合理的热费分摊方法。热价分为两部分：一为固定热价，其计算方法为热力公司固定成本总额除以该公司总供热面积；二为可变热价，其计算方法为热力公司可变成本总额除以该公司提供的总热量（表 1）。在两部制热价的比例分配上，欧洲一些国家的流行做法如表 1 所列，是将每个单体建筑物耗热量的50％～70％按热量表计量值分摊计算，其余 30％～50％按用户面积分摊计算。

欧洲发达国家热费构成　　　　表1

国家	热费构成
芬兰	(25～30)% 固定 ＋ (75～70)% 变动，固定部分取决于建筑物的能耗，新建筑采用分户计量，老建筑楼宇热计量，每户分摊（人口/面积）
瑞典	5% 固定＋35% 入网费＋60% 变动
德国	基价依据建筑物的耗能 QE 计算
丹麦	22% 固定＋78% 变动；基价依据建筑物的能耗

（4）采用能源服务体制推进供热计量。能源服务体制是成功推行供热计量收费的一种市场机制。目前，欧洲供热计量能源服务公司有数十家，但基本被 3～4 家大型能源服务公司垄断，它们在生产计量产品的同时，提供供热计量收费服务，包括方案设计、项目融资、原材料和设备供应、施工安装和调试、运行保养和维护、节能量监测等。

（5）强制安装室内恒温控制阀。例如，德国法规规定"新建建筑及既有建筑必须安装散热器恒温阀"；丹麦建筑法规规定"采暖系统必须安装自动控制装置，以确保调节供给的热量为所需热量"和"这条规定可应用散热器恒温阀来实现"。

7. 我国供热计量改革经历了哪几个阶段?

我国供热计量改革经历了三个阶段：

（1）试点阶段（2003～2007 年）。2003 年建设部等八部委联合下发《关于城镇供热体制改革试点工作的指导意见》（建城〔2003〕148 号），决定开展城镇供热体制改革的试点工作。试点期间，天津等城市开展了建立按实际用热量收费制度的试点，推进了城镇既有住宅节能改造和供热采暖设施的节能技术改造。2006 年建设部下发《关于推进供热计量的实施意见》（建城〔2006〕159 号），明确了推进供热计量的目标、技术措施和工作要求。

（2）全面启动阶段（2007～2010 年）。在采暖费补贴"暗补"变"明补"的改革取得了全面进展的情况下，2007年建设部在天津召开了全国供热计量改革经验交流现场会。会议决定将供热体制改革工作重点转移到供热计量改革上来，把节能减排的任务落在实处。

（3）全面强制推进阶段（2010年以来）。2010年，住房和城乡建设部、国家发展改革委员会、财政部、国家质量监督检验检疫总局联合下发了《关于进一步推进供热计量改革工作的意见》。意见明确提出了供热计量下一步工作目标：从2010年开始，北方采暖地区新竣工建筑及完成供热计量改造的既有居住建筑，取消以面积计价收费方式，实行按用热量计价收费方式。用两年时间，既有大型公共建筑全部完成供热计量改造并实行按用热量计价收费。"十二五"期间北方采暖地区地级以上城市达到节能50%强制性标准的既有建筑基本完成供热计量改造，实现按用热量计价收费。

8. 我国供热计量改革取得了哪些积极进展？

经过多方的共同努力，我国供热计量改革取得了积极性和突破性的进展。

（1）供热计量收费面积大幅增加。截至2014年底，北方采暖地区累计实现供热计量收费建筑面积9.9亿 m²，其中居住建筑7.76亿 m²。供热计量收费面积大于1亿 m² 的省市有山东、北京和河北。

（2）供热计量收费政策进一步完善。目前出台供热计量价格和收费办法的地级以上城市达到117个，占北方地级以上采暖城市的95%左右。山东、河北、山西、黑龙江、陕西、吉林等省地级城市全部出台了供热计量价格。河北、山西、陕西、内蒙古、宁夏等地住房城乡建设厅联合物价主管部门出台了文件，将计量热价中基本热价的比例降到30%、取消计量收费的"面积上限"。在117个出台计量热价的城市中，已有68个城市的基本热价比例降到30%，有54个城市取消了"面积上限"。

（3）节能节费效果初步显现。山东省的青岛、临沂、济南、寿光等城市实施计量收费后，每平方米耗热量下降 30％左右，形成每年每平方米 6 千克标准煤的节能能力。兰州市榆中县既有建筑改造实施计量收费后，单位面积煤耗下降 38％，住宅热用户平均节约热费 26％。承德市实施计量收费后，年节约标准煤 4 万 t。

（4）供热计量强力约束和激励手段开始采用。济南市、青岛市、北京市、太原市将财政补贴资金与供热计量和节能工作挂钩。银川市规定不按计量收费的，用户有权少交 20％热费。吉林省规定凡未出台供热计量收费办法、未建立健全供热计量收费系统、未达到规定计量收费目标的市县，实施"四不一停止"。

（5）供热计量改革推进模式基本形成。经过数年的供热计量改革的示范项目和示范城市的建设，新建建筑大规模推行供热计量改革所需的技术支撑和配套政策问题已经解决，常见问题也找到了对策，形成了一整套的可推广和复制的改革经验。我国示范城市供热计量改革的主要模式有两种：第一种模式是政府强制、供热单位实施，政府对不进行供热计量收费的供热单位采取了一些有效措施，如天津和唐山。第二种模式是供热单位主动改革、政府大力支持，如承德、兰州榆中。北京和大连选择以公共建筑为突破口，使供热计量收费改革取得了积极进展。

9. 供热计量改革的基本原则、主要目标和主要内容有哪些？

（1）供热计量改革的基本原则包括：

①坚持政府主导的原则。各地应将供热计量改革作为推进本地区节能减排的重点工作，明确各部门的责任和工作目标，落实具体任务和实施计划，纳入政府年度绩效考核。②坚持供热单位实施主体的原则。供热单位必须按照法律法规的规定和地方政府确定的目标任务，积极实施供热计量收费工作。③坚持同步推进的原则。新建建筑工程建设与热计量装置安装同步，既有居住建筑供热分户计量改造与节能改造同步，热计量装置安装与供热计

量收费同步。

（2）供热计量改革主要目标有：

①从 2010 年开始，北方采暖地区新竣工建筑及完成供热计量改造的既有居住建筑，取消以面积计价收费方式，实行按用热量计价收费方式。②既有大型公共建筑全部完成供热计量改造并实行按用热量计价收费。③"十二五"期间北方采暖地区地级以上城市达到节能 50％强制性标准的既有建筑基本完成供热计量改造，实现按用热量计价收费。

（3）供热计量改革的主要内容有：

①室外供热系统方面。新建室外供热系统的热源、热力站、管网、建筑物必须安装计量装置和水力平衡、气候补偿、变频等调控装置，达到系统可调控和分段计量的要求。既有非节能建筑及其供热系统同步改造，在楼前必须加装计量装置，达到节能建筑和热计量的要求。②室内供热系统方面。新建建筑室内供热系统应安装计量和调控装置，包括热计量装置、水力平衡、散热器恒温阀等装置，达到分户热计量的要求。既有建筑室内供热系统根据实际情况选择不同的计量形式和温度调节装置。③供热计量收费方面。研究制定科学合理的两部制供热计量价格、供热计量收费、激励机制以及建立实施供热计量收费运行机制等政策，为实施供热计量收费创造条件。新建建筑以及经改造的既有建筑必须同步实施按用热量计价收费。

10. 我国有关供热计量改革的法律法规的要求有哪些？

国家层面涉及供热计量改革的法律法规主要有三部：《中华人民共和国节约能源法》、《民用建筑节能条例》和《公共机构节能条例》。

（1）《中华人民共和国节约能源法》第 38 条规定：国家采取措施，对实行集中供热的建筑分步骤实行供热分户计量、按照用热量收费的制度。新建建筑或者对既有建筑进行节能改造，应当按照规定安装用热计量装置、室内温度调控装置和供热系统调控装置。具体办法由国务院建设主管部门会同国务院有关部门制定。

（2）《民用建筑节能条例》第 18 条规定：实行集中供热的建筑应当安装供热系统调控装置、用热计量装置和室内温度调控装置；公共建筑还应当安装用电分项计量装置。居住建筑安装的用热计量装置应当满足分户计量的要求。计量装置应当依法检定合格。第 29 条规定：对实行集中供热的建筑进行节能改造，应当安装供热系统调控装置和用热计量装置；对公共建筑进行节能改造，还应当安装室内温度调控装置和用电分项计量装置。

（3）《公共机构节能条例》第 14 条规定：公共机构应当实行能源消费计量制度，区分用能种类、用能系统实行能源消费分户、分类、分项计量，并对能源消耗状况进行实时监测，及时发现、纠正用能浪费现象。

11. 国务院出台的有关供热计量改革的政策文件要求有哪些？

国务院出台的有关供热计量改革的政策文件主要有 5 个。

（1）《国务院关于加强节能工作的决定》（国发〔2006〕28号）提出：推进城镇供热体制改革。加快城镇供热商品化、货币化，将采暖补贴由"暗补"变"明补"，加强供热计量，推进按用热量计量收费制度。完善供热价格形成机制，有关部门要抓紧研究制定建筑供热按热量收费的政策，培育有利于节能的供热市场。

（2）《国务院关于印发节能减排综合性工作方案的通知》（国发〔2006〕15 号）提出：推动北方采暖区既有居住建筑供热计量及节能改造 1.5 亿 m^2。深化供热体制改革，实行供热计量收费。

（3）《国务院关于印发"十二五"节能减排综合性工作方案的通知》（国发〔2011〕26 号）提出：到 2015 年，北方采暖地区既有居住建筑供热计量和节能改造 4 亿 m^2 以上。推进北方采暖地区既有建筑供热计量和节能改造，实施"节能暖房"工程，改造供热老旧管网，实行供热计量收费和能耗定额管理。深化供热体制改革，全面推行供热计量收费。

（4）国务院办公厅《关于转发发展改革委住房城乡建设部绿色建筑行动方案的通知》（国办发〔2013〕1号）提出：深化城镇供热体制改革。住房城乡建设、发展改革、财政、质检等部门要大力推行按热量计量收费，督导各地区出台完善供热计量价格和收费办法。严格执行两部制热价。新建建筑、完成供热计量改造的既有建筑全部实行按热量计量收费，推行采暖补贴"暗补"变"明补"。对实行分户计量有难度的，研究采用按小区或楼宇供热量计量收费。实施热价与煤价、气价联动制度，对低收入居民家庭提供供热补贴。加快供热单位改革，推进供热单位市场化经营，培育和规范供热市场，理顺热源、管网、用户的利益关系。

（5）国务院《关于印发大气污染防治行动计划的通知》（国发〔2013〕37号）：推进供热计量改革，加快北方采暖地区既有居住建筑供热计量和节能改造；新建建筑和完成供热计量改造的既有建筑逐步实行供热计量收费。

（6）国务院办公厅关于印发《2014—2015年节能减排低碳发展行动方案》的通知（国办发〔2014〕23号）：完成北方采暖地区既有居住建筑供热计量及节能改造3亿 m²。

（7）国务院办公厅《关于印发能源发展战略行动计划（2014—2020年）的通知》（国办发〔2014〕31号）：加快推进供热计量改革，新建建筑和经供热计量改造的既有建筑实行供热计量收费。

（8）国务院转发了国家发展和改革委员会、财政部、人民银行、税务总局《关于加快推行合同能源管理促进节能服务产业发展的意见》提出：加大资金支持力度、实行税收扶持政策、完善相关会计制度、进一步改善金融服务等具体措施推行合同能源管理。因此，采用合同能源管理模式实施供热计量改革是大势所趋。

12. 中央部委出台的有关供热计量改革的政策文件要求有哪些？

自 2003 年以来，住房和城乡建设部、国家发展和改革委员会、财政部、国家质量监督检验检疫总局等中央部委陆续出台了一系列有关供热计量改革的政策文件。

（1）建设部等八部委《关于城镇供热体制改革试点工作的指导意见》（建城〔2003〕148 号）。指导意见要求，改革现行热费计算方式，逐步取消按面积计收热费，积极推行按用热量分户计量收费办法。城镇新建公共建筑和居民住宅，凡使用集中供热设施的，都必须设计、安装具有分户计量及室温调控功能的采暖系统，并执行按用热量分户计量收费的新办法。计量及温控装置费用计入房屋建造成本。

（2）建设部等八部委《关于进一步推进城镇供热体制改革的意见》（建城〔2005〕220 号）。意见要求，稳步推行按用热量计量收费制度，促进供、用热双方节能。新建住宅和公共建筑必须安装楼前热计量表和散热器恒温控制阀，新建住宅同时还要具备分户热计量条件；既有住宅要因地制宜，合理确定供热计量方式，热计量系统改造随建筑节能改造同步进行。

（3）建设部《关于推进供热计量的实施意见》（建城〔2006〕159）号）。实施意见明确了供热计量 5 个目标和 5 项技术措施，要求新建建筑的热计量设施必须达到工程建设强制性标准规定要求，不符合相关供热计量标准规定要求的不得验收和交付使用；室外供热系统的热源、热力站、管网、建筑物必须安装计量装置和水力平衡、气候补偿、变频等调控装置；新建建筑室内采暖系统应安装计量和调控装置，包括：户用热量表或分配式计量等装置、水力平衡、散热器恒温阀等装置，并达到分户热计量的要求，经验收合格后方可交付使用。

（4）国家发展和改革委员会、建设部《城市供热价格管理暂行办法》（发改价格〔2007〕1195 号）。办法要求实施两部制热价。

（5）住房和城乡建设部《民用建筑供热计量管理办法》（建

城〔2008〕106 号）。办法明确了供热单位是供热计量收费的责任主体。供热单位负责计量和温控装置的选型、采购、安装、收费和维护。

（6）住房和城乡建设部、国家发展和改革委员会、财政部、国家质量监督检验检疫总局《关于进一步推进供热计量改革工作的意见》（建城〔2010〕14 号）。要求从 2010 年开始，北方采暖地区新竣工建筑及完成供热计量改造的既有居住建筑，取消以面积计价收费方式，实行按用热量计价收费方式。用两年时间，既有大型公共建筑全部完成供热计量改造并实行按用热量计价收费。"十二五"期间北方采暖地区地级以上城市达到节能 50% 强制性标准的既有建筑基本完成供热计量改造，实现按用热量计价收费。既有居住建筑节能改造不同步实施供热分户计量改造的，不得通过验收，不得拨付中央财政既有居住建筑供热计量及节能改造奖励资金。

13. 各省出台的有关供热计量改革的地方性法规有哪些、主要内容是什么？

目前，北京市、天津市、河北省、山东省、山西省、内蒙古自治区、黑龙江省、辽宁省等省（市、区）出台了有关供热计量改革的地方性法规。

（1）《天津市供热用热条例》，自 2010 年 6 月 1 日施行。对供热计量提出了许多强制性的规定：供热单位不按照供热计量规定实施计量收费的，由市和区、县供热办公室责令限期改正；逾期不改正的，处 3 万元以上 10 万元以下罚款；情节严重的，由市供热办公室吊销供热许可证。

（2）《河北省民用建筑节能条例》，自 2009 年 10 月 1 日起施行。对供热计量提出了一些强制性的规定：新建建筑没有安装供热计量及温控装置的，不得通过验收，不得交付使用。由县级以上人民政府建设主管部门责令改正，并处 20 万元以上 50 万元以下罚款。

（3）《山东省供热条例》，自2014年9月1日起施行。对供热计量提出了一些强制性的规定：收费按照基本热价和计量热价相结合的两部制热价核算，按照供热面积核算的基本热价不得超过全部按照供热面积核算热价的30％。供热单位、房地产开发企业等建设单位未按照规定安装供热系统调控装置、用热计量装置和室内温度调控装置的，由住房城乡建设主管部门责令改正，处10万元以上30万元以下罚款。供热单位对具备分户用热计量条件的用户不按照用热量收费的，由供热主管部门给予警告，责令限期改正；情节严重的，吊销供热经营许可证。

（4）《北京市民用建筑节能管理办法》，自2014年8月1日起施行。对供热计量提出了一些强制性的规定：采用集中供热的建设工程，建设单位应当在建设工程开工前与供热单位签订集中供热设施的运行管理合同，明确供热计量与温控装置的采购、技术标准及安装要求；供热单位采购供热计量与温控装置，参与采暖节能工程分项验收中的供热计量与温控装置安装工程验收工作。供热计量与温控装置不符合要求的，供热单位不予验收。新建民用建筑、既有建筑节能改造项目的供热计量和温控装置经验收交付后，供热单位应当按照本市规定实行供热计量，并与用户签订按照供热计量收费的供用热合同。供热单位应当在民用建筑区的显著位置公示实行供热计量信息及其收费标准和收费办法。应当实行供热计量的民用建筑，供热单位未按照供热计量方式收取费用的，用户可以按照供热计量收费的基本热价标准交纳采暖费。

（5）《内蒙古自治区城镇供热条例》，自2011年7月1日起施行。对供热计量提出了一些强制性的规定：新建建筑实行供热计量收费；新建建筑供热系统未安装分户控制装置、温度调控装置和热计量装置的，由供热行政主管部门给予警告，责令限期改正，并处以5000元以上3万元以下的罚款。

（6）《黑龙江省城市供热条例》，2011年10月1日起施行。对供热计量提出了一些强制性的规定：供热单位负责热计量装置和室温调控装置的选型、购置和安装，其费用由建设单位承担；建设单位或者其他单位均不得自行采购、安装热计量装置和室温调控装置。热计量装置在保修期内，由生产企业负责维修更换；保修期外，由供热单位负责维修更换。建设单位或者其他单位擅自采购、安装热计量装置和室温调控装置的，责令停止安装或者拆除，逾期不改正的，由供热主管部门会同有关部门予以拆除。

（7）《宁夏回族自治区供热条例》，自 2012 年 4 月 1 日起施行。对供热计量提出一些强制性的规定：供热单位应当实行供热计量收费；供热单位对具备供热计量收费条件的热用户未实行计量收费的，由供热主管部门责令改正，处以 5 万元以上 10 万元以下罚款。

（8）《辽宁省城市供热条例》，自 2012 年 8 月 1 日起施行。对供热计量提出了一些强制性的规定：具备供热计量收费条件的建筑，供热单位应当实行供热计量收费；新建建筑未按照规定安装符合国家相关标准的供热计量和室温调控装置的，责令限期改正；逾期不改正的，住宅建筑按照建筑面积处每平方米 25 元罚款，非住宅建筑处安装供热计量和室温调控装置所需价款的两倍罚款。对具备供热计量收费条件未实行供热计量收费的，责令限期改正；逾期不改正的，处 10 万元罚款。

（9）《吉林省民用建筑节能与发展新型墙体材料条例》，自 2010 年 9 月 1 日起施行。对供热计量提出一些强制性的规定：新建建筑和进行节能改造的既有建筑应当按照规定安装热计量装置、室内温度与供热系统调控装置。具备条件的，逐步实行按用热量计量收费。

（10）《山西省民用建筑节能条例》，自 2008 年 12 月 1 日起施行。对供热计量提出了一些强制性的规定：实行集中供热的民用建筑应当安装供热系统调控装置、分户用热计量装置和室内温度调控装置。实行集中供热的民用建筑进行节能改造的，应当安装供热系统调控装置、分户用热计量装置和室内温度调控装置。

14. 各省级政府出台的供热计量改革政策文件有哪些、主要内容是什么？

目前北京、天津、河北、山东、吉林、宁夏、甘肃、陕西、山西、青海 10 个省级政府出台了专门性供热计量改革政策文件。其中，天津市要求，新建建筑和实施供热计量改造的既有建筑应当同步安装热计量装置及数据远传通信设备，其购置及安装费用纳入建设成本。热计量装置的折旧、周期检定和维修费用应当计入供热成本和热价。河北省要求，到 2015 年底，设区市住宅供热计量收费面积要达到住宅集中供热面积的 50% 以上，县级市和县城居住建筑计量收费面积达到住宅集中供热面积的 25% 以上。山东省要求，对所有新建建筑，实行开发建设单位出资、银行专户监管、供热单位使用、供热主管部门监督的供热计量资金管理制度。2015 年冬季采暖季前，所有市、县（市）的集中供热系统全部建成能耗在线监测平台。宁夏回族自治区要求，因供热单位原因不能实行计量收费的，节能建筑的用户可按建筑面积收费价格的 70% 交纳采暖费。青海省要求，将供热计量收费与供热政策性补贴及单位评先评优挂钩，不实行供热计量收费的供热单位（物业单位），不予享受政府的政策性补贴，不得参加评先评优。

15. 国家出台的有关供热计量设计标准有哪些、主要内容是什么？

国家出台的有关供热计量设计标准主要有《严寒寒冷地区居住建筑节能设计标准》JGJ 26—2010 和《民用建筑供暖通风与空气调节设计规范》GB/T 50736—2012 两部标准。

（1）《严寒寒冷地区居住建筑节能设计标准》JGJ 26—2010 中有关供热计量的主要条款有 5 个，其中第 5.2.9、5.2.13、5.3.3 条为强制性条文。

5.2.9　锅炉房和热力站的总管上，应设置计量总供热量的热量表。集中采暖系统中建筑物热力入口处必须设置楼前热量表，作为该建筑物采暖耗热量的热量结算点。

5.2.13　室外管网应进行严格的水力平衡计算。当室外管网通过阀门截流来进行水力平衡时，各并联环路之间的压力损失差值，不应大于15%。当室外管网水力平衡计算达不到上述要求时，应在换热站和建筑物热力入口处设置静态水力平衡阀。

5.3.3　集中采暖系统必须设置住户分室（户）温度调节、控制装置及分户热计量（分户热分摊）的装置或设施。

5.3.4　当室内采用散热器供暖时，每组散热器的进水支管上应安装散热器恒温控制阀。

5.3.9　当设计低温地面辐射采暖系统时，宜按主要房间划分供暖环路，并应设置室温自动调控装置。应按户设置热量分摊装置。

（2）《民用建筑供暖通风与空气调节设计规范》GB/T 50736—2012有关供热计量的主要条款有3个，其中5.10.1的1款为强制性条文：

5.10.1　集中采暖的新建建筑和既有建筑节能改造必须设置热量计量装置，热量计量装置应符合以下规定：

1　集中供热系统的热量结算点必须安装热量表。

2　热源和热力站应设置热量计量装置；居住建筑应以楼栋为对象设置热量表。对建筑类型相同、建设年代相近、围护结构做法相同、用户热分摊方式一致的若干栋建筑，也可确定一个共用的位置设置热量表。

3　在楼栋或热力站安装热量表作为热量结算点时，分户热计量应采用用户热分摊的方法确定。在同一个热量结算点内，用户热分摊方式应统一，仪表的种类和型号应一致。

5.10.2　热量计量装置设置及热计量改造符合下列规定：

1　热源和换热机房应设热量计量装置；居住建筑应以楼栋为对象设置热量表……

2　当热量结算点为楼栋或者换热机房设置的热量表时，分户热计量应采取用户分摊的方法确定。在同一热量结算点内，用户分摊方式应统一，仪表种类和型号应一致。

3 当热量结算点为每户安装的户用热量表时，可直接进行分户热计量。

16. 国家出台的有关供热计量施工验收标准有哪些、主要内容是什么？

国家出台的有关供热计量施工验收标准主要有《建筑节能工程施工质量验收规范》GB 50411—2007、《供热计量技术规程》JGJ 173—2009、《辐射供暖供冷技术规程》JGJ 142—2012。

（1）《建筑节能工程施工质量验收规范》GB 50411—2007 有关供热计量的主要条款是第 9.2.3 条，为强制性条文：

9.2.3 采暖系统的安装应符合下列规定：温度调控装置和热计量装置安装后，采暖系统应能实现设计要求的分室（区）温度调控、分栋热计量和分户或分室（区）热量分摊的功能。

（2）《供热计量技术规程》JGJ 173—2009

规程共分 7 章，主要技术内容是：总则，术语，基本规定，热源与热力站热计量，楼栋热计量，用户热计量及室内供暖系统等。其中强制性条文有 5 条：

3.0.1 集中供热的新建建筑和既有建筑的节能改造必须安装热量计量装置。

3.0.2 集中供热系统的热量结算点必须安装热量表。

4.2.1 热源或热力站必须安装供热量自动控制装置。

5.2.1 集中供热工程设计必须进行水力平衡计算，工程竣工验收必须进行水力平衡检测。

7.2.1 新建和改扩建的居住建筑或以散热器为主的公共建筑的室内供暖系统应安装自动温度控制阀进行室温调控。

（3）《辐射供暖供冷技术规程》JGJ 142—2012 有关供热计量的条文主要有 3 个，其中第 3.8.1 条是强制性条文：

3.8.1 新建住宅热水辐射供暖系统应设置分户热计量室温调控装置。

3.8.2　辐射供暖系统应能实现气候补偿、自动控制供水温度。

3.8.3　地面辐射供暖系统室温控制可采用分环路控制和总体控制两种方式，自动控制阀宜采用电热式控制阀，也可采用自力式温控阀和电动阀。

当采用分环路控制时，应在分水器或集水器处的各个分支管上分别设置自动控制阀，控制各房间或区域的室内空气温度。

当采用总体控制时，应在分水器或集水器总管上设置自动控制阀，控制整个用户或区域的室内空气温度。

17. 国家出台的有关供热计量产品标准有哪些？

目前国家出台的有关供热计量产品标准主要有 5 部，具体包括：《电子式热分配表》CJ/T 260—2007，2007 年 12 月 1 日实施；《蒸发式热分配表》CJ/T 271—2007，2008 年 4 月 1 日实施；《热量表》CJ 128—2007，2008 年 4 月 1 日实施；《散热器恒温控制阀》JG/T 195—2007，2007 年 4 月 1 日实施；《流量温度法热分配装置技术条件》JG/T 332—2011，2012 年 2 月 1 日实施；《温度法热计量分摊装置》JG/T 362—2012，2012 年 8 月 1 日起实施；《通断时间面积法热计量装置技术条件》JG/T 379—2012，2012 年 9 月 1 日起实施。

18. 政府如何在供热计量改革中发挥主导作用？

供热计量改革是一项综合性很强的系统工程，既涉及建筑围护结构节能，也涉及热力系统节能；既涉及供热单位的利益，也涉及千千万万热用户的利益；既涉及供热系统的建设和运行管理，又涉及供热收费机制改革。因此，必须充分发挥政府主导和监管作用，明确指导思想、目标任务、实施步骤、政策措施等内容，从规划、建设、管理、价格、宣传等方面推进供热计量改革。

为此，地方政府首先应从国家节能减排、改善民生、深化改革的高度，充分认识供热计量改革的重要意义；其次应建立供热计量改革的组织保障，例如成立地方政府主要领导挂帅、有关部门共同参与的"供热改革工作领导小组"，协调解决供热计量改革过程中出现的各种问题；再次应转变政府职能，减少政府行政干预，通过创新价格财税、奖惩激励等机制，建立以供热单位和热用户为主体的供热计量市场化政策体系；最后应强化事中事后监管，真正实现依法行政、依法供热、依法用热、依法计量。

地方政府部门作为政策的制定、执行和监管单位，在供热计量改革工作中应重点在以下几个方面展开工作：

（1）必须建立强有力的组织机构，为供热计量改革提供组织保障。

（2）必须进行收费机制改革，实现"谁用热、谁交费"。

（3）必须确定技术路线、建立技术标准体系，为供热计量改革提供技术政策支撑。

（4）必须制定科学、合理的两部制热价和收费管理办法，平衡供热单位和热用户利益，调动多方面积极性。

（5）必须严把工程质量监管关，保证新建项目和既有改造项目具备供热计量硬件条件。

（6）必须严把供热材料设备质量监管关，保证供热计量器具、各种调控装置质量达标。

（7）必须促进供热单位运行管理水平的提高，保证变流量系统节能运行和供热计量收费具备软件条件。

（8）必须做好用户的宣传，让用户了解供热计量改革政策和节能节费知识，激励用户行为节能。

（9）必须精心组织好试点试验，积累试验数据，为制定热价和供热单位节能运行调节提供数据支撑。

（10）必须建立供热计量的奖惩制度，对积极推动供热计量改革的先进单位予以物质和精神奖励，对不按照供热计量收费的单位进行惩处。

19. 供热计量工作都涉及哪些职能部门，应履行哪些责任？

供热计量改革是一项系统工程，涉及发展改革、规划、建设、供热、价格、财政、质量技术监督、工商等相关职能部门。各部门应按照国家相关法律法规，制定当地的供热计量法规、政府规章，并按照各自分工履行以下责任：

（1）各地应编制城市供热发展专项规划，将供热计量改革作为重要组成部分纳入供热专项规划，设定供热计量收费面积、供热计量收费比重、供热系统能耗和能效等约束性规划指标，并经发展改革、规划、建设和供热等职能部门上报政府审批。

（2）各地建设主管部门要按照国家供热计量相关技术标准要求，制定适合本地区的技术路线和地方标准；加强新建建筑工程设计、施工图审查、施工、监理、验收和销售等环节落实建筑节能标准和热计量装置安装的监管，将新建建筑安装分户供热计量和温控装置列入强制性验收范围，保证新建建筑达到建筑节能标准和分户计量收费要求。与其他部门配合，做好既有建筑供热计量节能改造的质量监管工作，满足供热计量收费技术要求。

（3）各地供热主管部门应牵头编制当地供热计量改革方案，指导供热单位开展供热计量工作，加强供热行业节能运行管理，制定供热运行能耗和能效指标，建立供热单位供热计量工作考核和奖惩机制，加大供热计量改革宣称力度，依法推进供热计量改革。

（4）各地价格主管部门应牵头制定供热计量收费价格和收费政策，利用市场化价格杠杆，激励用户积极参与供热计量改革，平衡供热单位和热用户利益关系，为供热计量改革提供价格支撑。

（5）各地财政部门应配合建设和供热主管部门，多渠道筹措供热计量改造资金，科学合理地进行供热成本监审，结合当地实际，依法依规制定各类供热补贴资金的筹集、发放、监管等管理办法。

（6）各地质量技术监督部门应加强对本地区供热计量器具生

产企业的计量监督检查，依法强化供热计量器具形式批准和制造许可的监管，严厉查处无证生产、不按产品标准和已批准的形式进行生产以及将不合格产品出厂销售的行为。要依法组织开展供热计量器具产品质量监督抽查，抽查结果要向社会公布，对产品质量不合格的企业要依法进行处理。要加快完善供热计量器具检定装置建设，计量检定机构要依法做好供热计量器具首次及后续检定工作。

（7）各地工商主管部门应配合供热主管部门，编制供热计量收费示范性合同文本，规范供热单位和热用户计量收费工作，开展联合执法，依法查处供热计量收费中的违法行为。

20. 政府建立供热单位在供热计量改革工作中的主体、主责地位的必要性是什么？

（1）供热单位是供热计量改革的核心对象。供热计量收费改革涉及供热单位、开发建设单位、供热计量设备厂家、热用户等对象，其中供热单位是唯一与其他对象都发生关联的，是落实国家和地方政府供热计量改革各项工作核心执行者。

（2）供热单位受供热计量改革影响最大。供热计量收费不仅是由面积收费到计量收费的变化，也是将热力系统由定流量向变流量的变化，更是供热单位从粗放型向集约型转变。

（3）供热单位是供热计量改革成功与否的重点考核对象。供热系统能耗指标是否下降、是否真正实施供热计量收费、建设运行管理水平是否提高、供热行业是否可持续健康发展，都必须以供热单位为载体，全方位对供热计量改革进行考核。

为此，政府必须以法规、规章、文件等形式，明确供热单位参与新建项目工程供热计量验收、参与既有建筑供热计量节能改造工作，明确供热单位建设节能热力系统的责任，明确供热单位负责热计量装置采购、安装、维护等权利义务，明确供热单位实施供热计量收费的责任和义务，明确供热单位履行各项义务的法律责任，切实建立供热单位在供热计量改革工作中的主体、主责地位。

21. 供热单位参与对新建小区供热系统的设计、施工和验收的必要性是什么？

开发建设单位负责新建小区供热系统建设，组织设计、施工、进行施工质量验收，并负责供热系统两个采暖期的保修。供热单位有必要与开发建设单位就新建小区供热系统设计参数、设计方案、材料设备选型、供热计量要求、施工注意事项等内容进行沟通，并参与供热系统竣工验收，发现存在的问题、提出解决的办法，为保证供热质量、实现热力系统节能、实施供热计量收费奠定基础。为此，各级政府应根据当地情况，研究制定相关文件，明确供热单位对新建小区供热系统建设验收等职责。

22. 政府如何严把供热系统和计量技术监督关？

推进供热计量收费改革必须以建设符合供热计量技术要求的供热系统为基础。为此，建设主管部门应首先按照国家相关技术标准要求，将技术标准供热计量强制性条款纳入施工图审查要点，严格进行施工图审查；其次应加大开发建设单位负责的新建建筑供热系统施工质量监管，加大供热单位负责的热源、管网、换热站等热力系统施工质量监管，发现问题依法整改；最后应强化供热系统竣工验收备案管理，对不符合标准规范，达不到供热计量技术要求的项目不予验收备案，不得交付使用。

23. 供热单位负责计量器具选型、采购、安装和运行维护的必要性是什么？

供热计量器具是供热计量工作的核心设备，是供热单位与热用户进行采暖费结算的"秤"。供热单位作为真正使用方，不仅要考虑热计量装置的价格，更要考虑热计量装置的质量，如良好的计量准确性、运行稳定性、耐久性。为此，必须要从开发建设单位采购热量表的方式，转变为供热单位负责选型、采购、安装和运行维护，实现供热单位责权利一体，为实施供热计量收费提供质量保证。

24. 供热计量价格的制定应遵循什么原则？

供热计量价格的制定应遵循以下原则：

（1）合理补偿成本原则。计量热价的制定应充分考虑供热单位成本，包括热计量装置维护更换费用，保证供热单位的可持续发展。

（2）促进节约用热原则。计量热价的制定，应充分调动热力企业和热用户自主调节、主动节能的积极性，通过收费杠杆作用促进节约用热。

（3）坚持公平负担原则。计量热价的确定，要兼顾现有面积收费存在的现状，体现用热公平，避免发生社会矛盾。

（4）坚持广泛参与原则。在推行热计量工作中主动扩大用户退费"面"，提高热用户参与供热计量收费的积极性。

25. 如何理解供热计量两部制热价？

《城市供热价格管理暂行办法》规定：热力销售价格要逐步实行基本热价和计量热价相结合的两部制热价。基本热价主要反映固定成本；计量热价主要反映变动成本。

供热计量收费实行两部制收费，即基本热费和计量热费。基本热价和计量热价实行政府定价。其中

用户热费＝基本热费＋计量热费

基本热费＝基本热价×计费面积

计量热费＝计量热价×当年度采暖期消耗热量

收取基本热费的原因主要是：供热设备的折旧和正常维修，即使不用热也要发生这部分费用；住宅楼中的公共部分如楼梯间的耗热以及户间传热等，应由全体用户共同承担。

26. 供热计量两部制热价如何制定？

根据国内外经验，供热计量两部制热价制定方法可分为全成

本统计法和简化法两种。

（1）全成本统计法

各地区根据所规定的供热成本费用组成，收集各供热单位的成本费用、供热面积或设计容量和供热量，组成一定容量的样本，在确定两部制比例后，按照统计学的方法和依据热价制定的原则，科学合理地确定各地区统一的基本热价和可变热价。

$$基本热价 = \frac{年供热成本费用 + 利润 + 税金}{供热面积或设计容量}$$
$$\times (固定费用所占比例)(元/m^2)$$

$$可变热价 = \frac{年供热成本费用 + 利润 + 税金}{年供热量}$$
$$\times (可变费用所占比例)(元/GJ)$$

（2）简化法

$$基本热价(固定热价) = 面积基础热价 \times n(元/m^2)$$

计量热价 = 面积基础热价 $\times (1-n)(元/kWh)/平均供热量指标$

注：n——供热计量两部制价格中固定部分与计量部分的比例；平均耗热量指标应根据当地供热实际水平结合供热计量试验数据综合确定。

目前，我国大部分省市都采用简化法来制定两部制热价。

27. 供热计量收费政策都应包括哪些方面？

供热计量收费政策是规范供热单位和热用户计量收费的指导性文件。各地方政府应结合地方实际，因地制宜地制定供热计量收费管理办法等规范性文件，其主要内容应包括：实施供热计量收费的居住建筑和公共建筑应具备的条件、供热单位和热用户的权利和义务、供热计量采暖费计算公式、采暖费结算程序和时间要求、热计量装置发生质量问题或人为损坏的处理方式、室内温度不达标的处理方式以及因供热单位或外部因素导致没有正常供热的处理方式。

28. 供热计量收费示范合同文本该如何制定？

供热单位与热用户应签订供热计量收费合同，确定双方责权利。当地供热主管部门和工商主管部门应按照国家政策要求和当地供热计量收费政策，本着公开、公正、公平的原则，制定供热计量收费示范文本。供热单位和热用户在签订示范文本同时，也可根据各自实际情况，进行合同部分条款的补充。

29. 制定适宜的基本热价比例对计量收费工作会产生什么影响？

基本热价是企业固定成本的一种体现，同时在分户计量价格中起到平抑峰谷值、缩小收费差距的作用；而计量热价是企业变动成本的一种体现，同时在分户计量工作中起到了鼓励用户提高行为节能的积极性、提高节能意识的作用。因此，不同的热价比例会对计量收费产生重大的影响。

各地应根据国家政策和企业成本构成，制定适宜的供热计量热价比例。

由于目前供热单位普遍存在着成本倒挂的现象，为体现公平性，国内通行的做法是按照面积热价和固定热价所占比例对计量热价进行反推而得到最终的供热计量价格。

30. 为何说热费"面积封顶"是供热计量改革初期的权宜之计？

供热计量收费"面积封顶"指的是实施计量收费后，用户的计量热费如果超过面积热费，则不用补交计量热费和面积热费的差额。如果计量热费低于面积热费，则供热单位需要退还差额。

在供热计量改革试点初期，为鼓励热用户参与供热计量收费，一些城市出台了供热计量收费的"面积封顶"政策，用户在供热开始前，按现行面积热费预交供暖费，供热结束后按计量数据结算热费，比较面积热费实行多退少不补。这一政策的实施在初期对用户参与热计量改造和供热计量收费起到了一定的鼓励和保护作用，但随着大规模供热计量收费的深入开展，这一政策的弊端日益显现。对用户而言，多用热不用多交费在一定程度上鼓励用户浪费，抑制了用户行为节能的积极性。对供热单位而言，多供热没有多收费在一定程度上减少了供热单位的收入。因此说热费"面积封顶"政策从根本上违背了计量收费用多少热、交多少钱的初衷，只是供热计量改革初期的权宜之计，必须取消。

31. 供热计量收费政策中应如何考虑房间位置对热用户耗热量的影响？

由于建筑物本身的传热特点，楼层位置的不同，耗热量是不同的。根据经验数据统计，由于楼层位置的不同造成同等室温下的耗热量偏差最大可达 2～3 倍。为减少矛盾，本着公平负担、广泛参与的原则，宜设置房屋位置耗热量修正系数，用以平衡用户在整栋建筑中所处位置不同而导致的耗热量差异。

设置房屋位置修正系数后，必然造成供热单位相应的收费损失。故在供热计量收费政策中计量热价的制定过程里，可将该部分损失通过提升计量热价的方式分摊到全体用户。

32. 政府如何做好热计量收费改革工作？

政府在供热计量收费改革中是起主导作用的，应大力做好有关的政策支撑和宣传工作。

（1）出台相关政策，规范供热计量收费工作

修订供热管理办法、出台供热计量管理办法。办法中应重点明确以下几部分内容：

①明确主体责任，规范供热单位、房屋建设单位与热用户的责任划分，明确热量表设施的维护与管理责任。

②加强供热计量收费管理，确定缴费方式、退费方式、房屋位置修正系数、争议处理等具体问题。

（2）做好宣传引导工作，营造舆论氛围

对供热计量相关政策、热计量装置的使用方法以及实施供热计量对节能减排工作的促进作用进行广泛宣传，引导热用户自主调节、合理用热。督促供热单位定期向热用户公示计量数据，确保计量数据公开、透明，保证用户享有必要的知情权。

33. 政府应如何加强对供热单位供热计量工作的考核和奖惩？

供热单位是供热计量改革的主力军，在改革过程中受到的影响最大，在改革初期，不仅采暖费收入减少，而且还要投入一定的人力物力，更重要的是供热单位的运行和管理模式都发生了重大改变。由于对供热计量收费改革意义认识没有完全到位、节能运行收益不明显，部分供热单位会出现畏难甚至不愿实施供热计量收费改革的情况。为此，当地供热主管部门应对供热单位实施供热计量改革工作进行科学量化考核，考核内容包括人员机构保障、供热系统建设质量水平、供热计量收费比重、计量收费用户宣传和组织、计量供用热合同签订和执行情况、运行管理水平、系统能耗和能效等内容。

根据考核情况，当地供热主管部门应对供热单位进行相应的精神和物质奖惩，如向供热单位的上级单位通报、财政补贴与考核结果挂钩、新建热源项目与考核结果挂钩、行政执法等，促进供热单位全力投入供热计量收费改革。

34. 城市政府供热计量与能耗监测信息平台的作用和功能是什么？

政府供热计量与能耗监测信息平台集云计算、通信、工业自动化、互联网等技术于一体，实现了对供热系统各个环节的能耗监测、统计与分析以及信息发布。供热计量与能耗监测平台从数据接口设计上保证系统的可扩展性，可与大型公共建筑能耗监测平台、可再生能源监测平台等进行数据对接，为实现国家级信息平台、发展智慧城市打下基础。

供热计量与能耗监测信息平台作用主要包括三个方面：①供热应急管理。信息平台可以对热源和换热站运行情况进行实时监测，并与应急平台进行对接。当出现供热系统事故时，可以立刻展开应急处理，保证供热系统安全和用户用热质量；②供热系统能耗分析。通过对热源、换热站运行参数的数据分析，可以进行热源效率、管网热损失、水力平衡度量化计算，为供热系统节能改造和节能运行提供数据支撑；③系统节能考核。通过大量数据分析，供热主管部门可以制定当地平均供热能耗能效指标，并以此对供热单位进行考核，通过市场化手段，如合同能源管理方式，激励和帮助供热单位进行节能降耗。

35. 实施供热计量收费对供热单位带来哪些挑战？

实施供热计量收费后，整个供热系统在技术上将面临从供给制向需求制的转变，在收费模式上将由面积计费向计量收费的转变。这些转变将在诸多方面对供热单位带来挑战。供热单位应在观念转变的前提下，在技术提升等方面下工夫，一方面要全面推进供热系统的现代化改造工作，另一方面要全面提升人员素质和技术水平，适应新的技术发展需要。

（1）对传统的供热系统调控观念的挑战

实施供热计量收费后，热用户将实现由被动用热到主动调节的转变；整个供热系统将从供给制向需求制转变。

（2）对管理水平的挑战

实施供热计量收费后，供热单位要实现由粗放型管理向精细化管理的转变。供热单位运行管理人员需熟悉供热计量设施和变流量自动控制和调节设备的运行特性，供热单位需完善运行管理规程和指标管理体系，全面提升管理水平。

（3）对技术水平的挑战

实施供热计量收费后，对热网的调控技术等提出新的挑战。供热单位要做好相应的技术准备，设计新的技术路线、编制技术方案、引进与吸收新的技术等。

（4）对人员素质的挑战

高水平、高素质的运行管理队伍，是实施供热计量收费的基础。供热单位应在开展热计量改革工作的同时，加强员工的学习、培训，提高技术、管理能力。

（5）对服务水平的挑战

实施供热计量收费后，对供热单位的服务水平也提出新的挑战。热用户对供热质量及供热服务将更加关注，热量表故障、热计量数据存在异议等一系列新问题的产生将直接影响到热用户的满意度。供热单位要加强供热服务平台的建设、制定相关的服务管理办法、提高应急响应速度、提升投诉处理能力，实现"以我为中心"向"以客户为中心"服务模式的转变。

36. 供热单位在供热计量改革工作中应做好哪些准备工作？

实施供热计量收费后，必将对供热单位的生产和经营管理工作产生重大影响，供热单位必须重点做好以下准备工作：

（1）加强全过程的组织管理

实施供热计量收费后，供热单位将承担热量表的选型、采购、安装、维护、数据抄录、告知及收费工作。供热单位必须明确各环节的责任分工、人员分配、制定切实可行的工作流程。要做好组织机构的调整和人员准备、动员、培训、理念认同及相关制度的完善建立等工作。

（2）在设计施工环节提前把关、全面提升工程建设质量

工程建设质量是保证热计量系统能够正常稳定运行的关键，供热单位应在设计及施工阶段加强过程管理，在变流量供热系统设备安装、热量表安装、管网施工等环节加强过程控制，全面提升工程质量标准。

（3）加强技术创新和升级、全面提升管网自动化调节水平

实施供热计量收费后，供热系统运行方式将由原有的定流量系统向变流量系统转变。供热单位必须对热源和热力站实施变流量自动控制，提升热网自动化控制水平，以保证用户行为节能节省的热量能够真正逐级反馈到热源端，实现系统节能。

（4）加强供热系统的水质管理

水质是热量表是否能够准确计量的重要因素，安装热量表的供热系统的水质必须满足《城镇供热管网设计规范》CJJ 34 中的相关要求；供热系统要采用湿保养方式，通过严格的计划管理、缩短检修时间，确保湿保养工作要贯穿整个非运行期。

（5）加强生产过程能耗管理

实施供热计量收费后，供热能耗不仅影响到供热单位的直接运行成本，还影响到收费工作。因此，供热单位应进一步加强能耗管理工作，要建立起以需定产、按需供热的生产调度模式；建立能耗统计、监测管理平台和能耗指标管理制度，实现供热系统的经济运行。

（6）做好退补费的相关应对工作

供热单位要全面落实供热计量收费工作，首先要建立和完善与供热计量收费相适应的经营收费系统，并做好热计量数据的录入、统计、分析工作。对于节能退费和超热量补费工作要在制度完善、流程确立、客户解释、及时告知等方面做好相应准备工作。

37. 供热计量改革实施过程中，供热单位应重点把握哪些环节？

供热单位应在以下环节重点把握：

（1）入网协议的签订

在与建设单位签订入网协议时，应明确热计量装置的采购安装事宜，明确建筑节能标准要符合相关要求，落实违约责任。

（2）热量表的选型和采购

在政府的监督下，建立热量表的选型和采购制度，确保热计量装置的质量。

（3）室内恒温控制阀和热量表的安装

在室内恒温控制阀和热量表安装过程中，供热单位应进行过程监督和安装指导，保证规范安装；房屋在供热前应由供热单位对室内采暖系统进行验收，对于不合格的地方应督促建设单位整改。

（4）热量表的维护管理

供热单位应建立热量表的维护档案，制定热计量装置维护和管理制度，加强日常管理，注重使用过程中各环节的监管工作。

（5）热量表的抄录及告知

供热单位应建立热量表的抄录和告知制度和流程，保证热用户及时掌握能耗数据，及时对供热参数进行调整。

（6）热量表的故障处理

应建立热量表故障处理机制和流程，对热量表发生故障后如何进行鉴定、更换，故障期如何进行收费等问题要有明确的规定。

（7）供热计量收费

应对原有经营、收费系统进行升级完善，实现热量表数据与经营管理、收费系统的对接，以便于计量数据的录入、统计、分析，提升供热计量收费效率。

（8）服务及投诉管理

应建立起完善的客户服务及投诉管理机制，针对热量表故障、数据异议等问题建立起有针对性的处理制度及流程。

38. 供热单位如何建立供热计量管理的组织体系？

为适应供热计量工作的要求，供热单位应建立自上而下、分工明确的组织管理体系。

（1）经营部门：负责供热计量的具体组织工作。包括：实施方案的制定及宣传工作；按计量技术规范与入网单位洽谈热量表、温控阀和通信装置等相关热计量装置的安装事宜，并在入网合同中载明；分户计量政策、制度及管理规范的制定、落实、督导工作；配合物价部门和主管部门做好热计量价格制定、调整等相关工作。

（2）热计量工作管理部门：成立具体管理机构，负责热计量运行管理工作。包括：对热计量装置安装质量进行施工过程监督管理；对入网单位热量表、温控阀及通信装置等热计量装置的安装进行指导，对安装不符合技术规范要求的提出书面整改意见并责令其整改；热计量装置的使用、维护等日常管理工作，对热量表的运行数据及运转情况进行记录、统计、分析工作；供热计量收费工作。

（3）客户服务部门：负责供热计量客户服务管理工作和供热计量宣传工作。包括对热用户提出的各类供热计量问题进行解答、核实、回复工作；每年度对热用户开展服务满意度调查工作；对各类供热计量问题进行分类、汇总、统计工作；组织开展供热计量宣传工作。

（4）生产技术部门：负责供热计量技术的指导、施工过程监督等工作。包括：制定、完善供热计量技术方案和规范；对供热计量政策制定、价格调整、数据分析提供技术支持；对楼内采暖系统施工进行过程监督；对包括热计量装置在内的室内采暖系统安装工程组织验收工作；负责组织热量表投运前的二次网水质认定工作。

（5）物资采购部门：负责热量表的选型和采购，以及供货商的选择。

（6）财务部门：负责热计量成本及价格测算等相关工作。

39. 供热单位如何选择供热计量方式？

根据《供热计量技术规程》JCJ 173—2009，供热计量方式分为两大类：热量直接计量方式和热量分摊计量即热量间接计量方式。热量直接计量方式是采用户用热量表直接结算的方法，对各独立核算用户计量热量。热量分摊计量方式是在楼栋热力入口处（或热力站）安装热量表计量总热量，再通过设置在住宅户内的测量记录装置，确定每个独立核算用户的用热量占总热量的比例，进而计算出用户的分摊热量，实现分户热计量。

虽然《供热计量技术规程》在第二章术语以及关于术语的说明中提出"用户分摊方法主要有散热器热分配法、流量温度法、通断时间面积法和户用热量表法"，但在第六章分户热计量中，只列明散热器热分配计法、户用热量表法两种方法。

从实践上看，散热器热分配计法、户用热量表法两种方法技术相对成熟、数据较为直观、方法操作简便，更容易被热用户接受、减少纠纷，其他分摊方法还有待经过大规模计量收费实践的检验。

40. 实施供热计量为什么要同步实施远程抄表？

实施远程抄表的必要性体现在：

（1）可实现对户用热量表的科学管理，减少数据抄录过程中的人为误差，使数据统计分析更加正确精准。

（2）可将有问题的热量表及时上传报警，及时进行处理。

（3）上位机系统对所有的热量表数据自动完成统计报表分析，能够解决较为繁杂的数据统计工作。

（4）可降低供热计量收费和热量表运行过程发生的人力成本和劳动强度。

因此，在实施分户供热计量的同时必须应用现代通信技术同步实施远程抄表。

41. 供热单位怎样做好热计量装置供应商的管理？

热计量装置质量的好坏是供热计量收费能否正常开展的首要前提，因此选择质量可靠、售后服务完善的热计量装置供应商至关重要。合理控制热计量装置供应商的数量，便于供热单位对热计量装置进行集中维护和管理，对于提升热计量装置的售后服务、故障处理、远程抄表有积极作用。在热计量装置供应商的管理过程中应注意以下事项：

（1）应由供热单位来确定热计量装置的供应商

供热单位作为热计量装置的使用单位之一，有权利选择热计量装置的供应商和采购。以保证热计量装置的质量，利于日后的维护和管理。

（2）应选择能够提供长期的、优秀的质保服务的热计量装置供应商

供热单位应与热计量装置供应商建立长效的合作机制，这样有利于供热单位对热计量装置的统一管理和维护；也有利于热计量装置供应商在故障处理、产品完善等方面提高积极性和责任

感，进一步完善售后服务体系。确定的热计量装置供应商应承担整个服务期的质保工作。

（3）应建立起动态的热计量装置供应商的淘汰机制

对于产品使用不合格、售后服务存在问题的热计量装置供应商，要予以淘汰。

42. 供热单位如何进行户用热量表的选型？

热量表是供热计量系统的关键设备，选择质量可靠稳定、计量准确的热量表至关重要，供热单位在选用热量表时要重点关注以下几个方面：

（1）户用热量表应满足行业标准《热量表》CJ 128 的要求。

（2）鉴于超声波热量表具有流通阻力小、水质要求较低、质量稳定等特点，建议优先选用超声波热量表。

（3）热量表的量程分为最大流量、常用流量、最小流量三组数据，热量表不能简单地按照采暖管道管径选取，应按照常用流量和最小流量综合确定，常用流量与最小流量的比值应符合规范要求。

（4）热量表应具备数据远传功能，数据通信接口可选择M-BUS、RS-485 和无线通信接口，供热单位应根据远传抄表系统的通信形式，统一热量表通信接口标准，以便于数据传输。

（5）热量表电池更换的工作量大、工作较为繁琐，建议热量表电池使用寿命应在 8 年以上，同时热量表电池的更换需便于操作。

（6）根据热量表的使用环境，合理确定热量表的防护等级。

（7）同一供热单位内热量表的结构尺寸应统一，以便于更换。

43. 供热单位如何有效控制热量表的质量？

热量表是供热计量的关键设备，供热单位应在热量表选型、运行管理等过程中严格控制热量表的质量，具体应从以下几个方面开展工作：

（1）供热单位应建立热量表质量、型号的选择标准，量化技术要求并严格进行检查，坚决把不合格产品拒之于市场之外。

（2）供热单位要建立热量表定期抽检管理制度。定期总结热计量装置在使用过程中的优缺点，通过供热单位与热量表生产企业的横向沟通，不断改进设计生产工艺，提高热计量产品质量，积极为热量表生产企业提供帮助，主要包括以下四方面工作：

①通过实验分析单批产品不合格原因，督促热量表生产企业对症下药，改进产品设计和生产工艺。

②加强与企业技术人员的交流，帮助他们提高技术水平。

③加强自身检测能力，加大对检测设备的投入，不断完善检测技术，为热量表生产企业提供更多有参考价值的检测数据。

④建立一整套检测质量管理制度，确保检测工作的客观、公正性。

44. 供热单位如何做好热计量装置的安装监管工作？

供热单位作为热计量装置的使用单位，在热计量装置投入使用前必须加强对热计量装置安装工作的监管，整个过程按照时间分为事前审核、安装过程监督和验收三个环节。通过供热单位的安装监管，将存在的问题消灭在萌芽阶段，避免投入运行后发生不必要的纠纷和麻烦。

（1）事前审核

房屋建设单位在房屋设计过程中应向供热单位报送室内采暖系统设计图纸，供热单位应对图纸进行审核。审核内容应至少包括：室内采暖系统是否合理、设计参数是否与当地集中供热运行参数一致、管道井尺寸是否满足热计量装置操作和维护要求、室内温控阀是否按规范设计、热量表选型及安装尺寸是否满足规范要求、是否同步设计远传抄表系统等内容。不符合要求的设计内容，应督促其进行设计整改。

（2）安装过程监督

在室内采暖系统及热计量装置安装过程中，供热单位应进行过程监督，对设备安装是否满足规范要求等问题进行监督，发现问题及时整改，以避免大规模不合格安装后，返工造成的不必要的纠纷和浪费。

（3）验收

室内采暖系统安装后，供热单位应组织技术人员进行最终验收，对验收中发现的问题督促有关单位进行及时整改。

45. 热量表安装监管和验收应注意哪些要点？

供热单位在热量表安装监管和验收过程中应重点注意以下要点：

（1）热量表前后直管段长度是否满足热量表生产厂家提出的安装使用要求。

（2）热量表周边空间是否满足数据查看、更换和维护需求。

（3）对所安装的热量表的质检标签、显示状况、铅封进行检查，保证内容齐全、准确。

（4）对热量表集抄线与通信接线盒连接是否正确、牢固进行检查。

（5）室内采暖系统是否按规范安装了恒温控制阀。

（6）系统水压试验、水冲洗是否符合《建筑给排水及采暖工程施工质量验收规范》GB 50242 的要求。

（7）热量表数据是否正常。

（8）远程抄表系统是否工作正常，远传数据是否与现场数据相对应。

46. 供热单位如何加强热计量装置的维护和管理？

做好热计量装置的日常维护和管理，可有效延长其使用寿命，便于及时发现和处理故障和问题。供热单位应建立完善的热计量装置维护和管理制度，加强日常管理，注重各环节的控制和监管。

（1）广泛宣传，明确热量表产权归属，督促热用户自身加强监管，防止热计量装置丢失、损坏；

（2）构建完善的热计量数据采集系统，对热量表数据集抄软件系统发出的热量表故障报警，及时处置；

（3）对热量表集抄系统发出的异常数据报警，进行诊断和分析，结合现场勘察鉴别，及时处置；

（4）对不能实现远传抄表采集数据、需人工抄录的热量表，应建立定期巡查制度，以便及时发现问题并处置；

（5）供热单位必须建立起热量表的维护档案，热量表档案应包含以下内容：热量表用户信息、热量表硬件信息、更换维修记录、检定信息等；

（6）供热单位也可以采取委托合同形式，授权具备热计量装置安装、校验、维护资质和技术实力的第三方公司对热计量装置进行维护和管理。

47. 如何做好热量表数据的抄录和告知工作？

热量表数据直接影响到热用户的热费核算和供热单位的经营收入。建立热计量管理系统，通过热量表数据的抄录和告知，可使供热单位和热用户随时掌握能耗数据，便于指导调节。供热单位应从以下几个方面做好热量表数据的抄录和告知工作：

（1）成立专门的热量表管理机构，负责热量表的抄录、统计、告知工作，并与生产、经营等部门做好沟通，便于指导生产和收费工作。

（2）建立定期抄录制度，定期对热量表数据进行抄录、汇总、统计。

（3）建立定期告知制度，将热量表数据定期在居民小区予以告知，便于热用户及时掌握用热情况。

48. 如何处理热量表故障引发的问题？

热用户对热量表的计量数据产生异议时，若是热量表的问题，应由供热单位和热用户对热量表共同送检并查明原因。热量表出现故障，涉及表体故障处理及故障期热费结算方式两方面问题。

（1）表体故障的处理

需鉴定热量表故障类型及责任方，表体自身质量问题，在质保期内可由供热单位督促热量表供应商给予处理和更换，并承担相应费用。超过质保期或因疏于管理、人为损坏的热量表，则应责成热量表产权人更换。

（2）故障期热费结算方式

合同约定方式：供热单位在与热用户签订供用热合同时，应明确热量表出现故障期间的热费结算方式，如按面积结算、按非故障期平均耗热量结算等，发现热量表出现故障后，按合同约定方式处理。

单独协商方式：如果未在合同中明确故障热量表的结算方式，对于能够及时发现并处理的故障热量表，可在处理后按照实际读数进行累计计算；对于长时间未发现的故障热量表，供、用热双方可协商解决，如参照上一年耗热量结算等。

49. 供热单位怎样做好热量表的内部检定工作？

为全面了解热量表的质量状况，在国家法定的检定之外，供热单位每年应对一定数量的热量表进行抽检。

（1）检定范围及数量：对不同小区、不同热量表生产厂家及不同安装时间的热量表进行抽检，抽检数量应根据使用状况酌情确定。

（2）检定注意事项：涉及检定的热量表应由供热单位负责拆卸及安装，拆卸时注意对热量表的保护。拆卸的热量表应做好标识，注明小区、单元、房间号等内容，以便于回装。

（3）检定结论分析：根据热量表检定的结果，应对热量表质量状况进行统计分析，对于存在的问题及时进行处理。

50. 如何处理好水质问题，确保热量表的正常工作？

由于热量表本身的结构特点，为能保证热量表正常使用，流过热量表的热水必须达到规定标准，不但要求水中无铁锈、悬浮物及其他物理杂质，同时还必须进行化学处理，解决由于长期运行在热量表流量腔体内结垢致使热量表无法运行的问题。即使采用超声波热量表，由于超声波热量表内有两个反射极板，如果水质不达标在反射极板上结垢后，会导致信号强度降低，严重时超声波热量表无法正常计量。

水质不好的因素一方面来自于系统水本身，另一方面是因为管路系统在施工时就没有冲洗干净。所以要严格控制水质，需从以下几个方面入手：

（1）做好施工期的管道防护和完工后的冲洗工作。

（2）通过化学处理及投放防腐阻垢剂等措施，保证水质满足规范要求。

（3）非采暖期对管道系统进行湿保养。

（4）在分户计量小区的换热站、入户井、热量表前安装精细的过滤器，实现水处理系统三级过滤。

51. 供热单位供热计量与能耗监测信息平台的作用和功能是什么？

供热单位供热计量与能耗监测信息平台通过现代化的通信手段，实现由热源至热力站至热用户的三级计量与分析，通过现代化的技术手段为供热单位提高运行管理水平打下良好基础。

（1）供热计量和能耗监测平台能够实现热源、热力站、热用户等关键数据的实时显示、统计分析，有利于供热单位随时掌握供热能耗、及时对供热系统做出调整，实现系统的经济运行。

（2）供热计量和能耗监测平台可大大降低人工进行数据抄录分析的工作强度，提高数据的准确性和可靠性。为供热单位进行能耗控制、指标管理奠定基础。

（3）可为政府职能部门摸索能耗数据、实施能耗检查和管理创造条件。而且为今后推行能源审计、能效公示、用能定额和超定额加价、能源服务等制度的落实、提升建筑节能施工质量打下良好基础。

52. 如何确定供热计量改造项目？

供热计量改造项目的确定应在与供热相关单位充分沟通，进行现场踏勘，掌握供热系统热源（换热站）、供热管网、室内采暖系统等各方面情况，归集改造项目已有图纸资料的基础上进行。

（1）确定供热计量改造项目应遵守"技术优、投资省、扰民少、效果好"的基本原则。

（2）应以热源或热力站为单元，对其所覆盖区域内的供热系统、建筑围护结构进行统一规划和设计，同步实施改造。

（3）既有居住建筑供热计量改造，需与城市旧城区改造、建筑物修缮、城市及区域性热源改造等相结合进行。属于城市拆迁范围内的居住建筑不得列为改造对象。

（4）按照《建筑能耗数据采集标准》JGJ/T 154 的要求，将节能潜力大的项目确定为优先改造对象。

（5）采取入户调查、问卷调查、集中座谈等方式，广泛听取居民、产权单位、供热单位等对实施改造及投资的意见，将各方主体改造意愿统一、改造资金落实的建筑确定为优先改造对象。

53. 供热计量改造方案内容有哪些？

供热计量改造方案应包含以下主要内容：

（1）供热系统概况说明、现状分析。

（2）改造技术方案：包含改造方案制定的原则、思路、采用的主要技术说明、主要改造部位及其改造内容。

（3）依据改造技术方案进行的节能效果分析、与改造要达到的目标的对比分析。

（4）依据改造技术方案编制的资金概算。

（5）依据改造技术方案编制的设计图纸（包含水力计算说明、主要设备的选型及技术参数要求等）。

54. 供热计量改造方案编制的具体要求有哪些？

供热计量改造在采购供热计量和节能设备及服务前应对所改造项目进行可行性分析，并通过可研报告分析的结果和论证编制全面、细致的改造方案，且应由有相应资质的设计单位承担。

供热单位应充分配合改造方案编制单位开展工作，向其提供往年的运行数据、测温记录和节能改造情况，共同分析供热系统在运行调控方面存在的问题，重点分析供热系统在供热量调节、室温冷热不均、水力平衡、水泵选型、锅炉效率等方面存在的问题，有针对性地提出改造技术。

确定应用的改造技术后，进行供热系统的水力计算校核，避免出现影响供暖质量的问题，并对改造后的系统运行调控提出建议和要求。

55. 供热计量改造验收依据有哪些？

（1）住房和城乡建设部、财政部《关于推进北方采暖地区既有居住建筑供热计量及节能改造工作的实施意见》（建科〔2008〕95 号）、《民用建筑供热计量管理办法》（建城〔2008〕106 号）。

（2）《建筑节能工程施工质量验收规范》GB 50411—2007、《北方采暖地区既有居住建筑供热计量及节能改造技术导则》（建科〔2008〕126 号）。

（3）财政部《北方采暖地区既有居住建筑供热计量及节能改造奖励资金管理暂行办法》（财建〔2007〕957 号）。

（4）经城市建设（供热）等有关部门批准的既有居住建筑供热计量改造规划、年度实施计划、项目可行性研究报告、初步设计（或实施方案）及经城市建设（供热）等有关部门批准的项目年度投资计划文件。

56. 供热计量改造验收包括哪些内容？

（1）改造工程资料（包括：项目计划、设计方案、工程管理资料、主要装置的产品说明书等文件资料）。

（2）供热计量改造工程完成情况统计与总结。

（3）改造技术方案和节能效益评估情况。

（4）财务决算资料（包括：投资计划、融资方案和自筹资金到位情况）。

（5）运行管理情况（包括：供热运行管理单位、责任人和计量管理制度方面的情况）。

57. 供热计量改造验收程序有哪些？

（1）城市建设（供热）行政主管部门组织有关部门组成验收工作组，负责供热计量改造工程验收工作。

（2）验收工作组应组织专家或委托具备条件的建筑能效测评机构，对改造项目设计、施工资料、改造工作量、节能效果等进行评价，提交评价报告。

（3）工程项目法人（项目实施单位）及设计、施工、监理、运行管理单位人员列席验收工作组会议，负责解答验收工作组成员的质疑。

（4）项目验收程序：

①听取项目法人（项目实施单位）"项目建设管理工作报告"；

②听取监理单位"项目监理工作报告"；

③检查工程：改造工程必须符合分户计量、实行按照用热量收取热费的要求。并对工程质量进行验收，对工程量、节能效果系数、进度系数进行核定；

④检查项目建设资料和财务决算资料；

⑤听取专家组或节能测评机构评价报告；

⑥验收工作组讨论并拟定"验收意见书"；

⑦宣读"验收意见书"。

58. 为什么要做好热用户的宣传工作？

供热计量改革唯有实现国家、供热单位和热用户"三赢"的局面，才能取得真正的成功。正确引导广大群众积极参与供热计量改革，调动热用户的行为节能，不但可以帮助热用户节省热费，而且可以实现供热系统的节能，是实施供热计量收费工作的关键。然而热用户对供热计量收费需要一个认知过程。因此，需要通过深入细致的宣传，取得热用户的理解和支持，才能达到预期目标，取得实效。

59. 如何做好供热计量的宣传工作？

实施供热计量收费后，热用户会对用热收费方式的转变提出疑问，政府和供热单位应加强相应的宣传工作，取得热用户的理解和支持。

（1）充分认识到热计量宣传工作的重要性、复杂性和长期性，深入发动群众，以点带面展开宣传。

（2）政府应发挥宣传的主导作用，利用各种媒体，营造供热计量改革的良好社会氛围。

（3）作为热计量工作的实施主体，供热单位应加强对供热计量的政策和技术的教育培训，统一思想，提高认识，使员工成为合格的宣传员。

（4）结合热用户的需求和关注点，认真了解供热计量改革过程中的宣传重点，强化宣传效果。

60. 供热计量改革宣传方式有哪些？

群众的支持是推进供热计量改革工作的基础，让群众改变用热观念，理解和支持供热计量改革，主要做法有以下几点：

（1）利用媒体，如报纸、广播、电视等进行宣传。

（2）编制宣传手册，宣传单、宣传问答等，进社区进行宣传。

（3）召开供热计量改革座谈会，邀请热用户参加，现场互动进行宣传。

（4）在小区设置宣传板、宣传栏进行宣传。

（5）利用现有的服务热线、服务平台，设专人及时解答用户关心的问题。

61. 供热计量改革宣传内容有哪些?

供热计量改革利国利民，群众的理解和支持至关重要，宣传工作应重点包括以下几个方面：

（1）供热计量的好处。例如：热用户可主动实现室温调节，提高舒适度，通过行为节能，节省热费支出，为国家节能减排做贡献。

（2）供热计量的方式。例如：户用热量表法、热分配计法等。

（3）价格和收费政策。例如：两部制热价的构成、采暖费的计算方法、采暖费的交费方式等。

（4）节省热费支出的方法。例如：指导热用户的行为节能、正确使用温度调控装置等。

（5）与面积收费的区别。例如：供热计量改变了传统供热形式和理念，热用户可根据需求自行调节室内温度，多用热多交钱，少用热少交钱。

（6）常见问题解释。例如：热计量装置故障处理方式，温度不达标处理方式等。

62. 供热计量改革现场宣传的准备工作有哪些?

小区现场宣传是群众工作的重要的一个环节，通过发放宣传资料，填写调查表方式实现与用户的互动。前期准备工作主要有：

（1）宣传方案的确定，包括活跃气氛，调动居民踊跃参与积极性的策划。

（2）宣传材料的准备。

（3）宣传人员的培训。

（4）与居委会、物业、供热单位的协调一致，并取得同意。

63. 如何提高居民参与供热计量的积极性？

提高居民参与供热计量的积极性有多种途径：

（1）做好供热计量宣传工作，使居民真正了解供热计量的意义，使他们认识到供热计量不但使国家实现节能减排，而且可为自己带来实惠。

（2）做好供热计量收费工作，使居民切实得到供热计量带来的利益，包括提升了用热舒适度以及节省了采暖费。

（3）组织已实现供热计量收费的热用户参与供热计量的宣传工作，加强示范效果，最终形成广大群众积极参与的大好局面。

64. 在供热计量工作中，用户的权利和义务是什么？

用户要履行供用热合同规定的义务，积极采取节能行为，支持和配合供热单位的工作，进行节能和合理用能，自觉履行相关责任，积极行使自己的权力。

用户的权利主要包括：

（1）享受供热的权利。

（2）公布供热标准、维修电话、测温电话的权利。

（3）甲方不能开具财税部门统一印制的采暖收费票据，可拒交采暖费。

（4）享有监督合同履行的权利。

用户的义务主要包括：

（1）应协助供热单位保管热量表。

（2）应配合供热单位的抄表、测温和维护等工作。

（3）应按合同约定与供热单位按照实际耗热量进行结算。

（4）不得对室内的供热设施及热计量装置进行拆改、迁移和损坏。

（5）不得排放和取用供热系统内热水。

（6）热用户变动时，乙方应将其管理的供热设施使用状况和交费情况告知新热用户，并和新热用户共同向甲方申请办理供用热合同变更手续。

65. 实行供热计量收费后，如何计算热费？

供热计量收费实行两部制收费，即基本热费和计量热费。基本热价和计量热价实行政府定价。其中

用户热费＝基本热费＋计量热费

基本热费＝基本热价×计费面积

计量热费＝计量热价×当年度采暖期消耗热量

收取基本热费的原因主要是：供热设备的折旧和正常维修，即使不用热也要发生这部分费用；住宅楼中的公共部分如楼梯间的耗热以及户间传热等，应由全体用户共同承担。

例如：按照北方某城市现行的供热计量收费办法，住宅供热计量基本热费为 12.5 元/m²，计量热价为 0.1136 元/kWh（31.56 元/GJ）。（kWh 和 GJ 为热量单位，分为千瓦时和吉焦。1GJ 等于 277.78kWh）

某热用户供热建筑面积为 80m²，整个采暖期的耗热量为 7000kWh，则该热用户的基本热费为 12.5 元/m²×80m²＝1000 元；计量热费为 0.1136 元/kWh×7000kWh＝795.2 元，热用户热费应为基本热费和计量热费之和为 1000 元＋908.8 元＝1795.2 元。相比按照面积收取热费，该热用户面积热费为 80m²×25 元/m²＝2000 元。因此，实施供热计量收费后，该热用户可节费 204.8 元。

66. 用户如何办理热费的结算？

目前，我国北方采暖城市供热计量收费大多采用按照面积标准预缴费方式。其结算流程如下：

（1）按照当地缴费规定，用户在供热前到供热单位指定的银行或缴费营业大厅按面积标准预缴费。

（2）供热单位在供热期结束 30 个工作日完成审核计算，审核后应在供热计量收费小区显著位置张贴热费结算通知，告知用户进行热费结算。

（3）退费手续的办理。用户持《供热计量收费供用热合同》和当年采暖费预交票据，在规定时间内与供热单位办理退费手续。

用户可以选择直接退费或将退费额充抵下一采暖期的热费。直接退费的用户需提供预交供暖费的票据，对于不能提供票据的用户，只能选择充抵下一采暖期热费的方式。

（4）计量热费超出预交热费用户手续的办理。根据供热单位提供的结算单，在合同规定时间内，超出预交热费的用户应及时补交差额，供热单位出具票据。

67. 用户热费支出偏高的常见原因有哪些？

造成供热计量热用户用热量高、热费支出偏高的常见原因有：

（1）建筑围护结构保温性能较差、能耗高。

（2）建筑本身结构特点，如窗墙比较大、房屋朝向等。

（3）用户自身用热要求高，室内温度设置偏高，没有及时调节，造成耗热量大。

（4）用户的不良习惯，如长时间开窗。

（5）建筑入住率较低，邻室室温过低，建筑物内部墙体及楼板传热较高。

（6）私自改造原设计室内供热系统，增加了用热量。

（7）擅自将原散热器采暖形式改为地板采暖，用热量会大幅增加。

（8）热用户的房屋处在顶、底和边的位置，对外传热面大，理论上较中心位置房屋的耗热量大，热用户在购房时应考虑该因素。

68. 如何做好热用户的服务接待工作？

供热计量收费与百姓生活息息相关，强化惠民意识、服务意识、责任意识，把供热计量工作作为构建和谐社会的工作重点，切实为热用户生活提供服务保障。

（1）完善制度，强化管理。为了能够迅速适应供热计量改革的需要，提高窗口服务能力，在服务环境、服务仪表、服务质量、服务规范、便民措施、应急机制、内部管理、教育培训等方面开展工作。

（2）结合供热窗口服务工作，制定《业务部窗口建设和岗位工作规范》，对窗口建设要求、岗位工作要求、岗位职责、日常管理考核办法等要做出明确的规定，用完善的制度管理接待日常工作。

①设立当日监督员，窗口人员每天轮流亮牌值班，检查窗口服务环境、服务仪表、便民设施等，并做好记录。

②窗口负责人每月检查、监督服务规范的落实情况，并做好检查记录，发现问题及时纠正。

③分管领导每月考核窗口服务质量，将考核记录作为年终绩效考核的依据之一。

④每月抽时间召开服务人员工作会议，总结工作，提出改进方案。

（3）建立客户意见征询、满意度评价制度。

①设置客户意见箱，广泛征集：客户的意见，每天由专人开启、查阅，及时处理反馈客户的意见并做好记录。

②服务窗口设置服务满意度评价设备，每接待一个客户后引导客户评价，通过评价结果统计分析改进服务。

（4）统一窗口接待人员铭牌，公示服务承诺、服务流程等，设置客户咨询服务台、供热计量自助价格查询系统，营造整洁、和谐、便捷的服务环境。

（5）设立服务热线，及时解答用户疑问。供热单位采暖期要设立 24 小时供热服务热线，及时解答热用户有关用热、计量、缴费、故障及投诉等问题。

69. 为什么要实行热源、换热站、楼栋入口或住户三级热计量？

集中供热系统由热源或热力站、二次网和热用户端组成。为了考核和计量各集中供热系统各环节的能效和能耗水平，加强各环节的能效管理，需要分段安装热计量装置。

（1）有利于检测集中供热系统各环节的供热效率，提高供热系统能源利用效率。在小区锅炉房或换热站出口处设置热计量装置，计量其供出的总热量，可用于考核热源处的供热效率。根据小区锅炉房或换热站与楼栋处的能耗计量差额，可检验二次管网的供热效率。

（2）有利于加强供热系统运行管理水平，有利于实现热费结算。通过三级计量方式，可以对集中供热系统各环节的热量损失状况进行定量检测。建筑物热计量是在建筑物热力入口处或在建筑物总供热管道上设置热计量装置，计量建筑物的总用热量，作为建筑物热量结算和建筑物内各用户分摊热费的依据。

（3）有利于发现集中供热系统各环节存在的问题。通过三级计量方式，可以量化分析集中供热系统各环节存在的问题。例如发现各环节的热量损失、失水和电耗较高等问题。

70. 户用热量表法的原理和技术要求有哪些？

户用热量表法是通过每户安装一个热量表，分别统计每个用户耗热量的供热计量方式。户用热量表由流量传感器（流量计）、配对温度传感器、计算器（积分仪）等部件组成，如图 1 所示。

户用热量表法的工作原理是通过流量传感器（流量计）测出供给热用户的热水流量，通过供、回水温度传感器测出供给热用户的热水的供水温度和回水温度，通过户用热量表的积分仪或计算器计算并显示供给热用户的瞬时供热功率。再通过计算累计供热时间，可以得出供给热用户的累计供热量。

户用热量表法适用于按户分环的室内供暖系统。该方法可以直

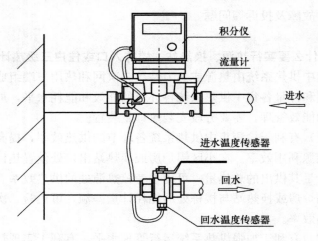

图 1　户用热量表构成示意图

接计量得出供热量，具有热量计量结果直观和易理解接受的特点。

户用热量表选型应使其流量范围、设计压力、设计温度与实际工况相适应。户用热量表选型要点如下：

（1）户用热量表选型应考虑供热用户的压力损失、工作介质温度、流量波动范围、精度要求、安装空间大小、流量传感器连接方式、热量表积分仪工作环境温度要求等因素。热量表应根据公称流量选型，并校核在设计流量下的压降。公称流量可按照设计流量的80％确定。

（2）户用热量表选型应满足住行业标准《热量表》CJ 128—2007 的要求。建议使用寿命在 8 年以上、达到二级精度要求的户用热量表。热量表必须具有抗外界磁场干扰的能力。电池的寿命建议满足 8＋2 年的使用要求。

（3）户用热量表应具备数据远传的功能。

（4）户用热量表建议选用超声波热量表。

71. 超声波热量表的优点有哪些？

超声波热量表是通过超声波流量传感器测量流体的流量，通过温度传感器测量供水、回水温度，再通过积分仪计算得出供给用户的耗热量。超声波法测流量的工作原理是超声波流量计依靠超声波信号在流体中传播的时间差，来测量流体流量。

超声波热量表的优点如下：

（1）综合使用成本低。超声波热量表无机械叶轮转动，不产生机械磨损，后期使用维护成本低，使用寿命远高于机械式热量表。

（2）计量可靠性好。即使有细小杂质流过安装在热量表前端的过滤器，也不会对超声波热量表的精确计量产生影响。

（3）计量纠纷少。超声波热量表使用时不堵塞、不磨损，计量精确，有利于供热计量工作的推广与应用。

（4）维护方便。超声波热量表基本属于免维护产品，运行维护成本较低。

72. 热量表远传抄表系统的组成和功能是什么？

当集中供热系统大规模实施分户供热计量收费后，应采用热量表远程抄表系统这项技术。该技术能够解决人工抄表成本高、误差大、费时多、缺乏实时监控等问题。对采暖季出现的热量表故障，热用户漏水、失水及用供热异常等问题均能被及时地发现。便于生产调度人员及时掌握和了解供热系统的运行状态信息。

热量表远程抄表系统如图 2 所示，包括数据远传热量表、数据采集器与集中器、网络通信设备和远程抄表控制管理系统软件。数据远传热量表用于对用户使用热量情况进行计量、计费和存储，具有数据远传功能，可通过 M-BUS 总线方式传输数据。数据采集器（通常一个单元或一栋楼安装一台）和集中器（一个小区安装一台）是安装在小区内的数据采集监控设备，能够实时采集热量表的各项数据信息，并将数据信息汇总至集中器后，通过网络将该数据远程、高速地传送给管理中心。由于数据通信设备可与管理中心电脑设备相互连通，且具有双向通信功能，可以实现管理中心和小区集中器的远程数据传输功能。具有数据传送高速、稳定、保密性好的特点。

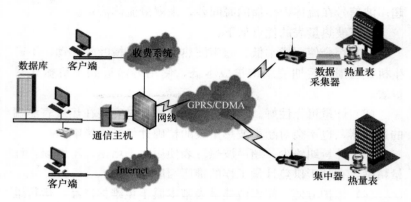

图 2　热量表远传抄表系统示意图

热量表远传抄表系统具有以下功能：

（1）数据采集及处理功能。可及时或定时抄取居民用户表计的窗口显示数据。可按设定的时间自动抄收各户的数据，具有实时抄读和按地址选抄数据的功能。提供指定抄表日的用热量（抄表日可设置）。对数据进行统计分析，判断用热量是否异常。设置初始参数，并有防止非授权人员操作的措施。在掉电时对记录数据有保护措施，恢复供电后数据不会丢失。预留有上传数据的接口。

（2）监测运行状态和事件记录功能。监视表计通信状态。集中器将每块表的通信状态，传送给主站，系统可以判断每块表的当前通信状态，对于不能抄取数据的表计，可以报警和进行事件记录。监测集中器的通信状态和工作状态。如有异常则实现自动报警并形成事件记录。

（3）系统校时功能。根据系统主机时钟，对所有集中器和抄表器的时钟进行校准。

（4）系统互联功能。系统提供与供热单位营业收费系统的数据接口，抄表数据能方便地导入到营业收费系统数据库。

73. 散热器热分配计法原理和技术要求有哪些?

散热器热分配计法是通过安装在每组散热器上的散热器热分配计（简称热分配计）进行用户热分摊的方式，如图3所示。热分配计分为蒸发式和电子式两种。通过蒸发式热分配表显示的格数、电子式热分配表显示的数字可以计算得出每组散热器在整个采暖期内占总热量的分配比例。小区装有总热量表，总热量表记录了小区用户使用的总热量，扣除管网热量损失后，再除以小区全部用户散热器修正后的总格数（总字数），得出这个采暖期每

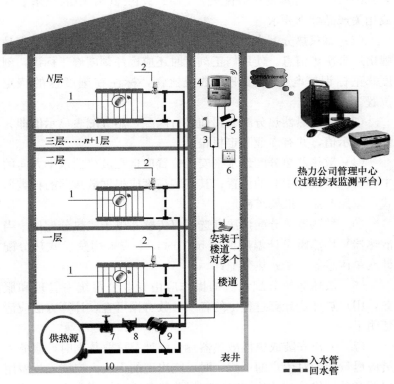

图 3　热分配计供热计量分摊系统示意图

1—热分配计（表）；2—预调节恒温阀；3—接收器；4—采集器；5—电源适配器；

6—分线盒；7—截止阀；8—过滤器；9—大口径热量表；10—自力式压差阀

一格（字）所代表的热量。每一格（字）所代表的热量再乘以每个用户的总格（字）数，得出该用户实际消耗的热量，再计算出热费。

散热器热分配计法适用于新建和改造的散热器供暖系统，特别适合于既有供暖系统的热计量改造，不必将原有垂直系统改为按户分环的水平系统。该方法不适用于地面辐射供暖系统。

散热器热分配计法的技术要求如下：

（1）散热器热分配计应符合行业标准《电子式分配表》CJ/T 260—2007、《蒸发式分配表》CJ/T 271—2007 中的技术要求或相关产品标准要求。

（2）每只热分配表应有唯一的 ID 标识号，内容包含厂家品牌出厂批次等信息。使用修正刻度时还应标注刻度修正标识，刻度修正标识应与综合修正系数成比例，标注在刻度盘的特定位置。

（3）对散热器热分配表提前进行匹配，热分配表显示值即为修正显示值，并有专业测定报告。

（4）散热器热分配计水平安装位置应选在散热器水平方向的中心，或最接近中心的位置；其安装高度应根据散热器的种类形式，按照产品标准要求确定。

（5）散热器热分配计法宜选用双传感器电子式热分配计。当散热器平均热媒设计温度低于 55℃时，不应采用蒸发式热分配计或单传感器电子式热分配计。

（6）散热器热分配计法的操作应由专业公司统一管理和服务，用户热计量计算过程中的各项参数有据可查，计算方法应清楚明了。

（7）入户安装或更换散热器热分配计及读取数据时，服务人员应尽量减少对用户的干扰，对可能出现的无法入户读表或者用户恶意破坏热分配计的情况，应提前装备应对措施并告知用户。

（8）热分配表应设置不经破坏不能拆卸的封印措施。

（9）采用无线传输的装置，应符合国家无线电管理相关要求。

74. 流量温度法、通断时间面积法的技术原理和适用条件是什么？

　　流量温度法是利用每个立管或分户独立系统与热力入口流量之比相对不变的原理，结合现场测出的流量比例和各分支三通前后温差，分摊建筑的总供热量。流量比例是每个立管或分户独立系统占热力入口流量的比例。

　　流量温度法适合既有建筑垂直单管顺流式系统的热计量改造，还可用于共用立管的按户分环供暖系统，也适用于新建建筑散热器供暖系统。针对单管跨越管系统，三通测温调节阀应安装于散热器供水支管上。其安装位置应便于现场安装和用户调节，安装时应确保产品上标注的水流方向与实际供暖水流方向一致，且面板向外。温度采集器处理器必须具备通信功能，通信方式可采用无线或总线。楼栋热量表需选用具有远程抄表功能，预留通信接口。

　　该方法计量的是系统供热量，比较容易被业内人士接受，计量系统安装的同时可以实现室内系统水力平衡的初调节及室温调控功能。缺点是由于前期计量准备工作量较大，造成该方式的成本较高，推广应用存在一定的技术难度。

　　通断时间面积法是以每户的供暖系统通水时间为依据，分摊建筑的总供热量。其具体做法是，对于接户分环的水平式供暖系统，在各户的分支支路上安装室温通断控制阀，对该用户的循环水进行通断控制来实现该户的室温调节。同时在各户的代表房间里放置室温控制器，用于测量室内温度和供用户设定温度，并将这两个温度值传输给室温通断控制阀。室温通断控制阀根据实测室温与设定值之差，确定在一个控制周期内通断阀的开停比，并按照这一开停比控制通断调节阀的通断，以此调节送入室内热量，同时记录和统计各户通断控制阀的接通时间，按照各户的累计接通时间结合供暖面积分摊整栋建筑的热量。

通断时间面积法适用按户分环、室内阻力不变的供暖系统。前提是每户为一个独立的、集中温控的水平系统，其散热设备的散热能力和采暖负荷一致性较好。设备选型和设计负荷要良好匹配，不能改变散热末端设备容量，户与户之间不能出现明显水力失调，户内散热末端不能分室或分区控温，以免改变户内环路的阻力。该方法能够分摊热量、分户控温，但是不能实现分室的温控。

通断时间面积法不能直接计量供热系统供给房间的热量，而是根据供暖的通断的时间再分摊总热量。当散热器面积大小匹配不合理、散热器堵塞等因素会对计量结果的准确性产生影响，造成计量误差，不利于推广应用。

75. 与传统的供热系统相比，计量供热系统有什么优点？

传统集中供热系统普遍存在以下主要问题：

（1）传统供热系统的供热末端缺少自主调节手段。当热用户出现过量供热现象时，热用户无法实现自主调节降低供暖需求。此外无法充分利用各种自由热。

（2）传统供热系统缺乏调节设备，不能适应按需供热和变流量运行的需求。传统供热系统采用定流量运行方式，该方式不能做到精细化调节，无法根据室外温度变化供热，很难实现按需供热。

（3）传统供热系统的管网规模较大，容易出现水力失调现象。为了减少水力失调产生的冷热不均问题，传统供热系统采用是"大流量，小温差"的运行模式。导致传统供热系统能耗较高，供热系统存在过量供热、输配能耗较高、供热质量差异大等问题。

相对于传统供热系统，计量供热系统具有如下优势：

（1）计量供热系统在用户端安装了自主调节设备。热用户通过调节流经散热器的流量来调节散热器供热量，从而达到调节室温的效果。因此，计量供热系统的主要特点之一是用户端可自主调节用热量。可以避免出现房间过量供热现象，充分利用房间自由热，实现行为节能效果。

（2）计量供热系统可以依据室外温度的变化实现按需供热和变流量运行方式。计量供热系统通过采用恒温控制阀、变频技术、水力平衡技术、气候补偿技术、变流量运行技术和自动控制等技术，实现按需供热的精细化调节和变流量运行方式。计量供热系统适宜采用楼宇式热力站、变频技术和水力平衡技术减少水力失调现象。计量供热系统可以根据室外温度的变化调节供热量，实现"节热"的目的。计量供热系统可以根据室外气温变化和用户调节情况采取变流量运行方式，实现节电目的。

76. 供热计量系统变流量运行原理及其优势是什么？

实现供热计量收费后，为保证用户节省的热量能够逐级反馈到热源，需要建立完善的自控程度较高的变流量供热系统，实现由"计划供给型"向"满足需求型"供热方式的转变。变流量供热系统如图 4 所示，由室内恒温控制阀、楼栋入口差压自动控制阀、水泵变频器、气候补偿器、电动调节阀或二级泵、自动化控

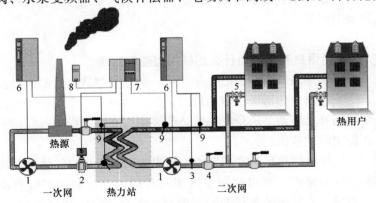

图 4　供热计量系统变流量运行示意图

1—循环水泵；2—电动调节阀；3—回水温度传感器；4—手动平衡阀；5—自力式差压控制阀；6—循环泵变频器；7—气候补偿器；8—室外温度传感器；9—供水温度传感器

制设备等构成。

热用户的主动调节首先会引起管网压差的变化，变流量供热系统在感知压差变化后会自动调节循环泵转速从而改变二次网的循环流量；二次网流量的变化会引起二次供水温度的波动。为保证二次网温度恒定，一次网电动调节阀或二级泵会随之自动调节，从而导致一次网的循环流量也发生变化。这种变化会传递到热源，使得热源也相应进行负荷调整，保证供热需求与热量供应的平衡。这样一个实时动态调整的供热系统就会实现自动变流量运行。

与传统定流量运行和管网静态平衡方式相比较，变流量供热系统具有以下明显优势：

（1）可以实现对热用户调节的快速响应，具有感知速度快、调节及时的特点；同时可以将用户主动调节节省的热量逐级反馈到热源，最终达到"节热"的目的。

（2）系统自动化程度高，不仅节省了人力，而且实现了对供热系统的精确调节，有效地解决了管网水力不平衡的问题。

（3）循环水泵会根据热网流量需求自动调整运行转速，可以达到节电的目的。

77. 在计量供热系统中为什么要采用恒温控制阀？

计量供热系统安装恒温控制阀后，通过控制散热器的入口流量，达到控制散热器散热量的目的。供热负荷发生变化后，通过改变阀门开启度调节流量，降低负荷波动对室温的影响，保持室温在设定温度范围内。

（1）计量供热系统安装室内恒温温控阀后，用户能够根据用热需求调节室温，可以避免室内房间过热，充分利用房间自由热。当房间有其他辅助热源时（例如太阳光、室内发热体），室温高于设定温度，恒温控制阀门会自动关小，散热器的进水量减少，实现节约供热效果。因此，实施计量供热方式需安装室内温控设施，以达到"节热"的目的。

（2）计量供热系统安装室内恒温控制阀后，可以减少房间的温度波动，提高房间舒适性。当房间温度低于室温设定值时，恒温控制阀会自动打开阀门，提高进入散热器的热水流量，提高散热器的散热量，从而提高室内温度。当房间温度高于室温设定值时，恒温控制阀会自动关小阀门，减少进入散热器的热水流量，降低散热器的散热量，避免室内温度过高，最终将室温控制在比较舒适的室温范围。

（3）计量供热系统安装恒温控制阀后，能改善室内散热器水力平衡等问题，提高系统的可调节性能。

相比关断阀只能起到开启关闭流量的作用，恒温控制阀可以调节流量大小，因此能更好地调控室温。与手动阀相比，由于恒温阀可以通过感温元件感知室温，因此能自动调节流量，保持室温稳定，室温控制效果也更好，也基于这一优势，恒温阀能充分利用自由热，节热效果远优于手动阀。此外，恒温阀对系统的水力平衡效果更好。

78. 散热器恒温控制阀选用和设置要求是什么？

散热器支路应设恒温阀，且应根据室内采暖系统形式选择恒温阀类型。垂直单管系统应采用低阻力恒温阀，垂直双管系统应采用高阻力恒温阀。垂直单管系统可采用二通型恒温阀，也可采用三通型恒温阀，垂直双管系统应采用二通型恒温阀。

垂直单管系统三通调节阀的主要作用在于调节散热器进流系数，避免"短路"，同时便于管理。当通过管径匹配可以保证散热器的进流系数≥30%时，可不设三通调节阀，采用二通调节阀也可。当设三通调节阀时，垂直单管系统的跨越管管径宜与立管同管径；不设三通调节阀时，特别是当散热器为串片等高阻力类型时，跨越管管径宜较相应立管管径小一档。

恒温阀感温元件类型应与散热器安装情况相适应。恒温阀应具备防冻设定功能。恒温阀选型时，应按通过恒温阀的水量和压差确定规格。不设散热器罩时，恒温阀感温元件应采用内置型，

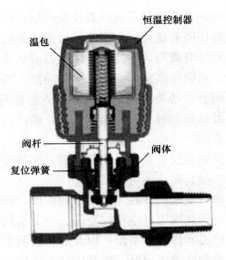

图 5　散热器恒温控制阀示意图

设散热器罩时，恒温阀感温元件应采用外置型。

　　建议在每户的每组散热器前应设立温度控制装置，便于用户调节使用热量。当室内供暖系统为垂直或水平双管系统时，应在每组散热器的供水支管上安装恒温控制阀；恒温控制阀应具有带水带压清堵或更换阀芯的功能，应配备专用工具及时清堵；恒温控制阀的阀头和温包不得被破坏或遮挡，应能够正常感应室温并便于调节。温包内置式恒温控制阀应水平安装，暗装散热器应匹配温包外置式恒温控制阀；工程竣工之前，恒温控制阀应按照设计要求完成阻力预设定和温度限定工作。

79. 地板采暖系统恒温控制阀选用和设置要求是什么？

　　地板采暖多数不具备温度控制调节手段。地板采暖相当于将散热设备埋在地下，如果缺乏自动调控甚至手动调控功能，将影响其使用时的舒适效果。

　　地板采暖系统的温度控制有两种方式：一种是地板采暖分室温度控制方式，如图 6 所示。该方式将电热执行器直接安装于分水器上，房间温控器与电热执行器相连接。用于调节控制室内温度，可以达到房间温度的个性化设置。由于具有分室控温功能的分集水器价格较高，分户控温的方法在实际改造过程中占了很大比例。

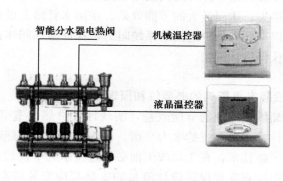

图6　地板采暖系统分室温度控制方式

　　另一种控制方式是地板采暖分户温度控制方式，如图 7 所示。该方式在分水器的入口处加装一套热电阀和温控阀，并与房间温控器相连接，如图 7 所示。该方式可以达到分户温度控制，但达不到分室控温效果。该方式是将温控器、热电阀、分水器相连。通过温度测定装置，将室内温度与设定温度比较后输出控制

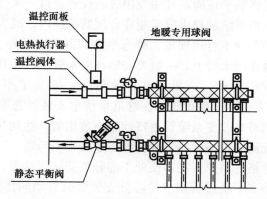

图7　地板采暖系统分户温度控制方式

信号，根据温度偏差量决定阀门的开度，调节分集水器的流量，从而控制室内采暖温度。安装执行器时，应将锁紧镙母旋到阀体上。执行器和温控器连接用保护套管进行保护。温度控制器应当放置于客厅或卧室，并分时段设定室内温度，尽可能适量补偿建筑物的热损失，达到最大的节能效果。在回水管路上设置的静态平衡阀可以平衡户与户之间的系统阻力，保证温控阀体在全开情况下可以获得设计流量。

80. 支管设静态平衡阀的必要性和原理是什么？

为提高供热系统的节能效益，实现计量供热改造节能效益，需要做好计量供热系统的水力平衡。供热系统计量供热改造必须采用水力平衡技术，在工程竣工前必须进行水力平衡检测。供热管网系统中所有需要保证设计流量的支路都应安装静态平衡阀，每一支路设置一只静态平衡阀（或安在供水管路，或安在回水管路），可代替环路中一个截止阀。

静态平衡阀是一种具有数字锁定特殊功能的调节型阀门，具有更好的等百分比流量特性，能够合理地分配流量，有效地解决供热系统中存在的水力不平衡问题。阀门设有开启度指示、开度锁定装置及用于流量测定的测压小阀，只要在各支路及用户入口装上适当规格的平衡阀，并用专用智能仪表进行一次性调试后锁定，就可以将系统的总水量控制在合理的范围内，减少了"大流量，小温差"的不合理现象。静态平衡阀既可安装在供水管上，也可以安装在回水管上，一般要安装在回水管上，尤其对于高温环路，为方便调试，更要装在回水管上，安装了平衡阀的供（回）水管不必再设截止阀。在管道系统中安装静态平衡阀，通过对其的调节来改变系统管道特性阻力数比值，达到与设计要求一致。系统调试合格后，不存在静态水力失衡问题。

调试合格的供热系统即使处于部分负荷运行状态，在总流量减少时由静态平衡阀所调节的各分支管道会自动同比减少流量，各分支管道所设定的流量比值不变。

81. 热力入口设动态压差阀的必要性和原理是什么？

压差调节阀即自力式压差控制阀，不需外来能源，依靠被调介质自身压力变化进行自动调节，自动消除管网的剩余压头及压力波动引起的流量变化，恒定用户进出口压差，有助于稳定系统运行。压差调节阀特别适用于分户计量或自动控制系统中。

（1）供热系统室内安装恒温阀等自控装置，必须安装压差控制阀

① 不安装压差控制阀，近端用户由于压差过大，恒温阀感温包的膨胀推力是有限的。当近端用户室内温度达到设置值时，恒温阀无法关断，近端用户室内温度超标。

② 不安装压差控制阀，近端用户压差过大，远端用户压差过小，外网压差不平衡，造成近端和远端用户室内温度产生时序，如果时序过长采用间接性供暖方式。造成远端用户还未达到用户需求又到了供暖的间歇时间，使远端用户无法达到供暖要求，如变频变流量调节时由于时序过长远端用户还未达到用户需求又到了热源循环水泵的采用间接性供暖方式调小转速的时候，使变频装置无法发挥应有的功效。

③ 如果不安装压差控制阀，当各用户调节时会相互干扰，部分恒温阀调节时，会引起所有的恒温阀无谓的动作。

④ 不安装压差控制阀，室内温度达到需求时由于近端用户压差过大，会导致恒温阀产生噪声，影响舒适度。

⑤ 不安装压差控制阀，感温包长时间在高压差工作下还会减短恒温阀的使用寿命。

（2）安装压差控制阀的用户室内必须安装自控装置

① 安装压差控制阀的用户不安装自控装置，自力式压差控制阀就不会感知用户的用热要求，无法自主调节。室外气候变化时，不能实现以用户为主的变流量调节运行。

② 安装压差控制阀的用户不安装自控装置，自力式压差控制阀在最小工作压差下，当选用管径过大时，阻力减小，也会造成流量过大，势必造成外网水力失调，使能耗增大。

82. 气候补偿技术的必要性和原理是什么?

气候补偿技术是能够根据室外气候条件及用户的负荷需求,通过自动控制技术实现按需供热的一种供热量调节技术。

当室外气候发生变化时,布置在建筑室外的温度传感器将室外温度信息传递给气候补偿器。气候补偿器根据其中固有的、不同情况下的室外温度补偿经验曲线,输出调节信号控制电动调节阀开度,从而调节热源出力,使其输出供水温度符合调节曲线水温以满足末端负荷的需求,实现系统热量的供需平衡。在采用热计量的供热系统中,气候补偿器能够按照室内采暖的实际需求,对供热系统的供热量进行有效的调节,有利于节能。

气候补偿技术适用于供热系统中的锅炉房控制补偿、热力站换热控制补偿、管网系统的控制补偿和终端用户的控制补偿。对于采取简单启停控制方式的锅炉系统不宜采用。

气候补偿器一般用于供热系统的热力站中,或者采用锅炉直接供暖的供暖系统中,是局部调节的有力手段。气候补偿器在直接供暖系统和间接供暖系统中都可以应用,但在不同的系统中其应用方式有所区别。

(1) 直接供暖系统

当温度传感器检测到供水温度值在允许波动范围值之内时,气候补偿器控制电动调节阀不动作;

当供水温度值高于计算温度允许波动的上限值时,气候补偿器控制电动调节阀门增大开度,增加进入系统供水中的回水流量,以降低系统供水温度;反之亦反。

(2) 间接供暖系统

在间接供暖系统中,气候补偿器通过控制进入换热器一次侧的供水流量来控制用户侧供水温度。当温度传感器检测到用户侧供水温度值在允许波动范围值之内时,气候补偿器控制电动调节阀不动作;当用户侧供水温度值高于计算温度允许波动的上限值时,气候补偿器控制电动调节阀门增大开度,通过旁通管的供水流量增大,减少进入换热器的一次侧供水流量,以减小换热量,进而降低用户侧的供水温度；反之亦反。

83. 二级管网的变频技术的必要性和原理是什么？

根据热力站二级网供热系统的流量变化情况，二级网可分为定流量系统和变流量系统。如果循环水泵电机工频定速运行，循环系统流量无法随着供暖负荷的变化而变化，循环泵输出流量是恒定的，当气温或供暖负荷变化需要对循环水流量进行控制和调节时，通常的控制手段是开大阀门或关小阀门来人工调节，这样在阀门上产生了附加损失，使得能量因为阀门的节流损失消耗掉，浪费了大量能源。由于这种调节方式滞后，阀门调节控制精度受到限制。

循环水泵采用变频调速控制能较好地解决这个问题。在满足供热的条件下，调节电机转速，保证一定的系统压差，可获得可观的节电效果。对循环水系统进行变频改造正是基于以上原理。改造后的二级泵供热系统变频技术原理如图 8 所示，将室外温度、系统供回水压差及回水温度作为输入参数，加上 PLC 控制器处理下达变频调速指令，通过变频器适时适量地控制循环泵电机的转速来调节循环泵的输出流量，满足供暖负荷要求。这就使

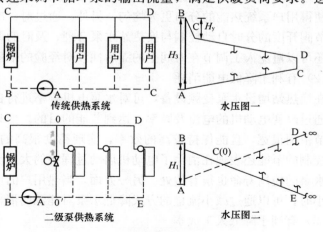

图 8 二级网变频技术原理图

电机在整个负荷和变化过程当中的能量消耗降到最低程度。再有，应用变频器还能提高系统的功率因数，减少电机的无功损耗，并提高供电效率和供电质量。对供热系统进行变频技术节能改造能够带来巨大的节能效果。

84. 供热系统自动控制系统的必要性和功能是什么？

集中供热系统安装自动控制系统，可以提高热网运行调度水平，提高供热服务质量，热网投入自动运行系统后，换热站二级管网的供回水温度始终在规定的范围内运行，热网可以跟踪室外温度的变化自动运行。当室外温度出现较大变化时，二级管网供回水温度也会随之变化，确保采暖用户的室内温度保持稳定，避免了热网温度滞后现象，提高了供热服务质量。同时，在白天室外气温较高时减少了供热量，可以节约热量和电量，降低热网运行成本。由于热网生产调度采用调控手段后可以随时调节热网运行参数，可以根据用户需要设定供热运行参数，保证了用户室内温度。

（1）有利于降低热能消耗

通过自动控制方案的实施，一方面减小了管网水力失调的程度，使得用户系统热能的分布更为均匀。另外，通过对一次网流量调节阀开度的分时自动控制与换热站水泵合理、及时的调节配合，还可以避免人工调节在时间上的滞后性和对经验的依赖性。

（2）有利于降低电能消耗

在换热站增设水泵变频设备，可对水泵电机频率进行自动控制，通过改变电动机的电流及频率，达到节能的目的。变频控制的调节范围很宽，且能保持较高的效率，实现精度很高的运行。变频控制的节能还表现在消除了电动机启动过程中的大电流，对延长水泵的使用寿命也很有益处。另一方面，当热用户的用热负荷较小时，可以通过减小流量的方式降低水泵对能源的消耗。

（3）有利于降低人工成本

增加自动控制设备，换热站运行可以实现无人值守，值班巡查方式，可以降低人工成本。

85. 分布式变频泵技术的原理是什么？

随着供热系统输配技术的发展，特别是变频技术的广泛使用，根据最不利用户资用压头选择循环泵的传统设计方法越来越显示其不节能的一面。这种传统设计方法，调节阀至少要节流掉30％的能量，造成能源的极大浪费。分布式变频供热系统将集中设置动力的输配管网转变为分散设置动力的输配管网，消除浪费在阀门上的无谓能耗，实现节约能源的目的。

分布式变频泵技术是适用于供热计量和变流量运行的节能技术。它根据用户需求提供热量的输配技术，解决了传统供热输配系统电耗高、热损大、管网水力调节和平衡效果差等问题。

分布式变频泵系统如图 9 所示，是由锅炉房的小型主循环泵、解耦管、每个换热站一次侧的小型变频水泵、气候补偿系统和自控系统设备组成。锅炉房的水泵只承担锅炉房内部的热水循环，换热站的一次侧水泵承担到本站到锅炉房之间的热水循环。

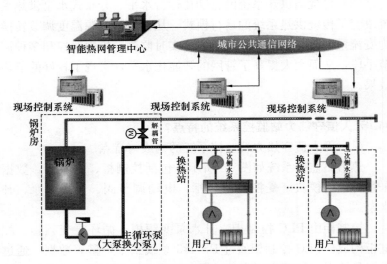

图 9　分布式水泵热网监控系统示意图

利用各站的一次侧变频水泵来调节水力平衡，也就是"以泵代阀"。该系统根据二次侧需求热量来供热。

在"中国供热改革与建筑节能项目——吴忠市 43 万 m² 的节能住宅热计量改造示范项目"中，经过中外专家论证，采用了分布式变频泵技术，取得了良好的节能效果。

（1）此系统可实现节电 20% 以上。传统供热系统中热源主循环泵一直采用工频或定频率运行，耗电量由该主泵的功率决定。采用分布式变频泵技术后，每个换热站一次侧水泵是结合气候补偿、分时段修正、模糊控制等技术，由分布式热网监控系统自动推算出适宜的二次供水温度，自动进行频率调整。热源侧循环泵扬程只提供基本负荷，运行功率可以大大降低。

（2）可大幅提高锅炉运行的安全性。锅炉房解耦管上安装一个电动阀，可以提高锅炉的安全系数。在锅炉房停电的情况下，智能热网管理平台会马上关闭解耦管上的电动阀，让外界的水直接走锅炉，可以防止锅炉汽化。如果外网停电，打开解耦管，让水全部回锅炉、开泄水、降负荷。有利于锅炉的运行安全。

（3）可提高供热系统的自动化运行水平。分布式水泵供热系统改变了传统供热系统的运行模式，从单纯的热源温度调节转换为变流量调节，调节速度快。通过实时监测、集中调控和多种调节手段，从而大大提高了管网的智能化水平，实现了较好的节热效果。

86. 无人值守热力站监控系统的特点？

（1）无人值守热力站监控系统的构成与特点

热力站监控系统如图 10 所示，包括控制柜、变频柜，数据采集与控制模块。受控设备包括：电动调节阀、循环水泵、补水泵。

控制柜由 PLC 控制柜、补水泵变频柜、循环泵变频柜、配电柜构成。PLC 控制柜通过 RS 485 总线采集热量表数据；通过模拟量输入模块采集压力变送器、温度变送器、补水箱液位计信

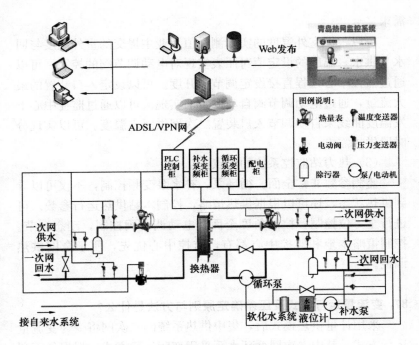

图 10   集中供热系统热力站监控设备系统原理图

号；通过模拟量输出模块控制电动调节阀的开度；PLC 控制柜还可以与补水泵变频柜和循环泵变频柜通信，下达变频控制指令。补水泵变频柜负责驱动控制补水泵，实现补水供水功率的动态调节。循环泵变频柜负责驱动循环泵，实现循环水功率的动态调节。配电柜用于给现场设备以及另外三个柜子供电。现场测量参数包括一、二次网瞬时流量、累计流量、供回水温度、热量、供热功率、电动调节阀开度、液位、变频器输出功率等。

（2）热力站监控系统的功能

由热网全网平衡软件实现对电动调节阀、循环泵、补水泵的控制。具体实现方法是当冬季采暖负荷较大，不能满足远端或者不利端入口装置的用热需求时，可以手动或者自动调节阀门和水泵，降低近端流量保证远端用热需求。从而达到均匀供热的需求。

可以根据室外温度的实际测量值及业主提交的室外温度与回水（供水）温度的设定值对照表实现对电动调节阀的控制。可以通过监控中心远程直接设定调节阀开度。可以设定入口装置的最大流量，通过电动调节阀自动调节来实现。可以通过监控中心下发温度曲线来自动调节入口装置二次网供回水温度。可以实现分时段供热需求。

（3）热力站监控系统的优点

监测参数非常全面。循环泵、补水泵变频控制，不仅可以看到供热状态，还可以根据供热策略，控制本站供热运行参数。可进行全方位控制，控制角度全面。电动调节阀控制，动态调节。控制策略本地和监控中心都有，监控中心优先，便于全网供热调控。

87. 变流量运行方式及压差确定原则与方法是什么？

采用计量供热模式后，集中供热系统的二次网将变为变流量运行方式。其中二次网循环水泵采用变频运行方式，根据最不利用户的供回水压差控制循环水泵的频率变化。

（1）变流量系统的压差确定原则

在变流量系统中，采用定压差技术，可以避免系统不同部位流量调节的相互干扰，从而实现动态水力平衡。变流量系统压差的确定原则为：需满足末端用户的最大资用压头。即末端用户的控制压差 ΔP_1 应等于户内系统最不利环路在设计工况下的总阻力损失，并且包括户用热量表和锁闭调节阀的阻力，但 ΔP_1 应小于或等于 30kPa。

（2）变流量系统的压差确定方法

变流量系统压差的确定方法：一是通过远传控制系统监视末端用户热力入口处供回水压差，供回水压差需满足末端用户的资用压头。二是通过水力计算确定热力站的出口压力，热力站的出口压力应大于或等于从热力站到末端热用户之间的管网损失与末端热用户资用压头之和。

88. 区域锅炉房的变流量技术的必要性和原理是什么？

供热系统中其设计工况是按天气最冷时最大负荷设计的，而供热运行有一半以上时间是部分负荷运行状态。供热系统随室外气温变化流量运行节能节电、是相当可观的。因此，供热系统变流量运行比定流量运行更为节能。

区域锅炉房热源处选用气候补偿装置使热源根据室外气温变化变流量运行，称为以热源主动调节的变流量运行方式。

由于采用供热计量方式后，用户侧对热量的调节，通过电动阀引发一次网流量的变化，从而引起热源处变流量运行技术。因此热源处变流量技术一方面是区域锅炉房为适应气候变化实行变流量运行技术，适应室外气温变化引发的热负荷的波动影响，同时变流量技术也是降低一次网电耗的重要技术。另一方面锅炉房变流量技术也是适应用户计量供热方式实施后用户侧流量变化的影响，从而实现计量供热节能效果。

89. 小型化楼宇式热力站特点？

与小型热力站相比，大型热力站的二次网管网长度长，二次网的热耗损失和输配电耗较高。

变流量供热方式适用于小型化热力站。例如，北欧国家集中供热系统中多为小型楼宇式热力站，多采用变流量供热系统。

相对于传统的大型热力站，小型化楼宇式热力站的特点如下：

（1）楼宇式热力站适用于变流量供热系统。

大型热力站供热面积大，可达 20 万 m^2 以上，因此换热设备面积大、水泵功率大。国内多数大型热力站缺乏变频设备和自控设施以及远程监控平台，二次网处于定流量运行状态。即使有部分热力站安装了变频水泵和控制系统，由于二次网没有安装水力平衡设备，为防止出现二次网水力失调现象，这些变频水泵经常处于定频、定流量运行状态。

楼宇式热力站可以为单栋建筑供热，二次网主要包括楼内管网，基本没有庭院管网，可以避免楼栋之间的水平水力失调问题。楼宇热力站的供热面积较小，主要是为两万平方米以下的建筑供热。楼宇热力站设备的自动控制水平较高，安装了变频设备和远程监控设备，更易实现变流量运行供热方式。

（2）楼宇式热力站可实现无人值守和远程监控运行方式。

大型热力站由于其设备自控水平较低、设备较多，其运行管理需要有人值守。大型热力站的运行管理中包含热力站设备、二次网的水力平衡和楼内管网的调节与维护等内容。相对于楼宇式热力站，大型热力站的运行管理工作量较大。

楼宇热力站的设备较小，自控设备比较完善，因此可实现无人值守和远程监控运行管理。楼宇式热力站的运行管理主要包含楼宇热力站设备和楼内管网的调节与维护。楼宇式热力站的运行管理工作量相对较小。

（3）楼宇式热力站有利于提高热用户节能的积极性。

大型热力站的用户较多，类型多样。热用户的节能积极性存在较大的差异。某一栋楼的行为节能效果不容易通过整个热力站的节热效果反映出来，因此不利于提高热用户的节能积极性。

楼宇式热力站的热用户相对较少，类型简单。热用户的节能积极性很容易通过节热和节电效果反映出来。因此，楼宇式热力站的变工况运行调节能力较大，更容易适应热用户需求的辩护特点。

（4）楼宇式热力站的设备安装空间较小。

大型热力站的板式换热面积较大、水泵型号较大、循环管路管径较大。因此，大型热力站的机房设备占用空间较大。

楼宇式热力站的供热面积较小，供热设备的占地空间和占地面积均不大。并且楼宇式热力站的设备可以实现工厂化组装，避免施工现场组装。经过集成设计后，楼宇式热力站所需的安装空间较小，具有安装快捷和简便的特点。

楼宇式热力站适用于小规模的集中供热系统，适用于没有庭院管网的单栋建筑。适用于对变流量运行、自控水平要求较高、已实行供热计量收费的计量供热系统。

90. 供热计量与能耗监测平台技术原理是什么？

供热计量与能耗监测平台是集计算机应用、通信、自动化、物联网等技术于一体，通过建立城市级供热能耗监测平台，对集中供热管网从热源、换热站、热用户的供热运行数据进行采集和分析，了解供热系统的整体运营能耗情况，通过分户计量、用户自主调节、计量收费等技术手段降低供热用户热耗，促使供热单位有的放矢地开展供热系统节能改造，实现变流量运行，最终实现集中供热系统的节能运行、减排降耗目标。

其技术原理如图 11 所示，主要包括热源、换热站、热用户

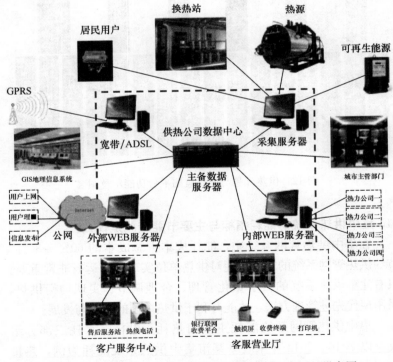

图 11　供热企业供热计量与供热能耗监测平台原理示意图

的计量数据利用超声波传感及积分原理运算并通过 M-BUS 总线汇总至数据集中器设备，数据集中器再将计量数据通过 GPRS 公网传至供热公司数据中心，供热公司数据中心利用大型数据库应用、计算机软件应用、GIS 地理信息系统、图表分析等技术实现供热数据采集、统计、分析、收费、信息发布等功能。

供热计量与能耗监测平台所实现的功能如图 12 所示，包括供热能耗分析展现系统、运行监测系统、能效管理系统、多功能报表系统、GIS 地理信息系统、接口软件等模块。

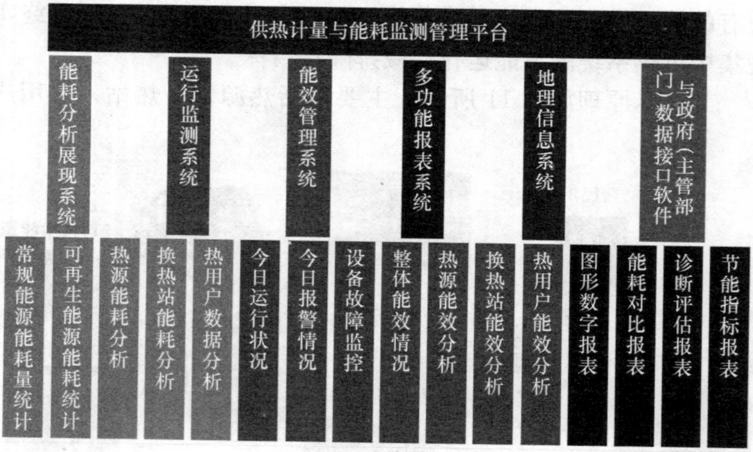

图 12　供热计量与能耗监测平台功能示意图

91. 集中供热系统的能耗指标与主要节能措施是什么？

在集中供热管网系统中，能耗成本占总成本的 60%～80%。节约供热管网系统的能源消耗对供热单位实现经济运行非常重要。只有注重供热系统的科学量化管理、合理调节、实现均衡供热，采用现代先进管理方法，才能有利于供热单位的生存与发展。

集中供热管网系统能耗主要由热耗、电耗、水耗三部分组成。以 2010～2011 年采暖季某市集中供热系统能耗为例，热量指标在集中供热能耗成本比例为 86.5%；电量指标在集中供热能耗成本比例为 12.5%；水量指标在集中供热能耗成本比例为 1.0%。可见，集中供热管网系统中能耗最大的部分为热量，其次为电量，最小的部分为水量。

集中供热管网系统节能措施包括应用适宜节能设备，应用先进节能技术。

（1）应用适宜节能设备

① 适当增加换热站表计，建立热网监控系统；

② 合理选用调节阀门类型；

③ 在供热管网系统中应用变频调节，泵类采用变频调控。

（2）应用适宜节能技术

① 推行供热管道直埋无补偿技术；

② 一次网采用分布式变频技术；

③ 一次网采取旁通定压技术，降低管网运行压力；

④ 在二次网适宜位置应用混水技术；

⑤ 应用远程测温技术；

⑥ 根据建筑性质不同，采用分时分区供热技术。

（3）优化设计管网系统

① 合理选择供热管道管径，加装必要的调节阀门；

② 合理选择循环泵型号，保证循环泵在高效工作区运行；

③ 减少供热管网中不必要的阻力设备；

④ 调整换热站设计理念，提倡分环路设计；

⑤ 合理设定换热站供热规模。

（4）加强供热系统的日常运行管理水平

① 根据室外温度，按热量需求计划实施按需供热方式；

② 改变二次网大流量、小温差的运行方式；

③ 加强供热系统运行管理水平，建立健全绩效考核和节能激励机制。

92. 公共建筑供热节能方法有哪些特点？

公共建筑具有用热时间集中，使用时间分段的特点。相比其他建筑类型，公共建筑的供热节能方法要注意如下特点：

（1）应用分时分区控制技术，通过加装相关控制装置（如电动流量调节阀、散热器恒温阀等），根据各建筑物及房间的用热特点，采取无人使用时调小流量，实现值班采暖运行模式；有人使用时，自主设定所需温度，从而实现分时分区、按需用热，节约能源。分时分区供热通常有工作模式、周末模式和节假日模式，在各个模式下的每天还可以分成几个时间段。

（2）应用供热计量技术，监理能源监测平台，对用热需求提前预测，并将用热指标细化到各用热终端，在供热期间，对系统运行进行监测，实现数据化管理，对监测到的不正常现象及时排查处理，节约能耗。

（3）加强行为节能管理，提高工作人员节能意识，并通过用热指标的细化，增强各单位、人员的节能责任感。

93. 世界银行"中国供热改革与建筑节能项目"完成了哪些工作？

"中国供热改革与建筑节能项目"（以下简称 HRBEE 项目）自 2005 年实施以来，筛选和设立了天津、唐山、承德、大连、乌鲁木齐、吴忠和大同 7 个热改与建筑节能基础较好、积极性较高、潜力较大的城市为示范城市。项目共实施了 6 个新建居住三步和四步节能建筑供热计量收费和建筑节能示范项目，面积达 110 万 m²；实施了 3 个既有二步和三步节能居住建筑供热计量改造和收费示范项目，面积达 313 万 m²；实施了 5 个民用建筑供热计量信息和能耗监测平台示范项目，面积达到 3.85 亿 m²；先后开展了 47 项政策和技术研究项目，编制印刷了"中国供热改革与建筑节能项目"成果册 19 本，组织开展了 37 次宣传、培训与扩散活动。通过这些项目活动，对我国推进供热计量改革、提升建筑节能标准起到了有力的推动作用，取得了积极性的、突破性的进展。

94. 世界银行"中国供热改革与建筑节能项目"的成功经验是什么？

HRBEE 项目主要采用以下方法来推动示范城市的供热改革与建筑节能工作：

（1）组织机制先行。成为项目示范城市的条件之一是要成立供热改革与建筑节能管理机构。各示范城市都成立了"供热改革与建筑节能工作领导小组"，由主管副市长任组长，市政府发展改革委、财政、建设等职能部门为成员单位。还成立了项目管理办公室，负责项目的日常管理和协调工作。中央项目办与示范城市的有关部门建立了项目进展月度工作会制度，及时协调和解决项目推进过程中出现的各种各样的问题，如认识、技术、政策、质量控制、组织、进度等问题。

（2）工作规划统览。成为项目示范城市的条件之二是要编制示范城市的供热改革与建筑节能工作规划。在世界银行与住房和城乡建设部专家的指导下，各示范城市都制定了因地制宜的"供热改革与建筑节能工作规划"，提出了热计量改革目标和建筑节能目标，以及需要完善的配套政策研究等，使其成为 HRBEE 项目推动示范城市供热改革与建筑节能工作的共同纲领。

（3）示范工程引路。供热方面的示范工程主要是欧洲变流量计量供热系统技术、楼宇换热技术、热量表远传和收费平台技术、供热计量和能耗监测信息平台技术 4 种技术的示范。建筑节能方面的示范工程主要是新建居住三步和四步节能建筑。

（4）配套法规政策支撑。包括中央层面和示范城市层面的配套法规政策的研究和制定。

（5）国家专家指导。国家专家为保证供热计量收费与建筑节能示范工程的技术方案上的完整性、技术上的先进性、工程质量和科技含量起到了关键的作用。

（6）质量控制护航。HRBEE 项目对示范工程和课题研究项目设计了严格的质量控制程序和措施。在示范工程方面，项目建议书和可行性研究报告要经过国家专家的审核和论证；供货商必须是信誉好、技术水平高的行业龙头企业；施工图、设备安装样板、检测合格文件等都须经过国家专家的审核和检查；竣工验收要有质监站的参与。在课题研究方面，从任务大纲到开题报告、中期报告和最终报告，都须经过国家专家的审核和论证，达不到要求的一律不予通过。

（7）研讨培训推动。中央层面平均每年组织 4 次以上的大型的宣传、培训和扩散活动，以及结合课题研究和技术援助项目举办研讨会，这些活动为及时扫除供热计量改革认识上的障碍、推广欧洲先进的供热计量收费和建筑节能技术和理念、传播示范城市的成功经验、加强能力建设、完善配套政策、强化工作机制发挥了很大的作用。

通过以上工作方法，HRBEE 项目帮助示范城市在新建居住建筑大规模热计量改革工作中取得了显著的成绩，助力天津、承德和唐山成为我国热计量改革的三大龙头城市，为天津创造了"供热计量改革综合模式"，为唐山创造了"政府强制、企业服从的供热计量改革模式"，为承德创造了"企业主导、政府支持的供热计量改革模式"。三大龙头城市不仅实现了新建居住建筑大规模供热计量收费，而且实现了新建居住建筑供热计量收费不欠账，帮助热用户实现了节能、节费。HRBEE 项目的示范城市分布于东北、华北和西北，为推动我国"三北"地区的供热改革与建筑节能工作起到了重要的作用。

95. 天津市实施计量收费后，取得了哪些成效？

天津自 2005 年起，开始加大供热计量改革推广力度，供热计量收费面积逐年提高，截止到 2014～2015 年采暖期，全市供热计量面积达到 1.11 亿 m^2，其中供热计量收费面积达到 9160 万 m^2，供热计量收费面积比重达到 25.4%。近十年的改革探索，供热行业整体面貌有所改善，社会效益、环境效益显著，经济效益逐步显现：

（1）节能减排效果显著：全市供热行业能耗水平逐年下降，

截止到 2013~2014 年采暖期单位平方米煤耗为 15.4 千克标准煤。供热计量收费项目平均能耗比其他同类项目节能7%～10%。

（2）供热计量收费改革社会效益显著：通过实施供热计量收费，用户行为节能意识显著提高，从近几个采暖期的实践情况看，除了 2009 年采暖期由于严冬原因只有 50% 的用户实现了节约热费外，计量收费小区退费总额都在 10% 左右，大部分计量收费用户节约了热费，退费率都达到 70% 以上。

（3）部分供热单位经济效益逐步显现。北辰银河热力公司供热面积为 80 万 m^2，全部实施供热计量收费。往年需要开启两台锅炉都不一定全部满足需求，计量收费后，单台锅炉就可以满足实际需求，经济效益明显。供热单位表示，随着自身管理水平的提高，供热计量收费经济效益将更加显著。

（4）行业管理水平不断提高：市供热办建立了供热计量能耗监测平台，对供热单位运行进行在线监测，并对全市供热能耗进行统计，为制定供热能耗定额管理提供了依据。大部分供热单位也实现了热量表远传，建立了企业信息化平台，为节能运行、计量收费和加强管理，提供了信息化手段。

96. 承德市实施计量收费后，取得了哪些成效？

实施计量收费后，单从收费额度上因计量退费会有所下降，但从长远发展来看，取得的效益远大于计量退费。而用户取得的收益通过计量退费、舒适度提高、主动调控得以充分体现，并且通过实施计量收费能够满足政府节能减排工作的需要，社会效益明显。

（1）热用户得到实惠

截止到 2014 年底，承德热力集团公司已累计为计量用户实施计量退费 5680 多万元（见表 2 和图 13）。居民热用户平均退费面始终保持在 80% 左右。在实现大多数居民减少取暖费支出的同时，室温舒适度不断提高，计量用户室温平均提高 3℃ 左右。

各年度计量退费情况一览表 **表2**

年度	居民退费 （万元）	非居民退费 （万元）	合计退费 （万元）
2006～2007	15.3	0	15.3
2007～2008	89.85	0	89.85
2008～2009	121.2	324.14	445.34
2009～2010	-91.2	303	394.2
2010～2011	505.35	254.91	760.26
2011～2012	607.62	294.75	902.37
2012～2013	673.7	300.48	974.18
2013～2014	1333.3	768.15	2101.45
合计	3437.52	2245.43	5682.95

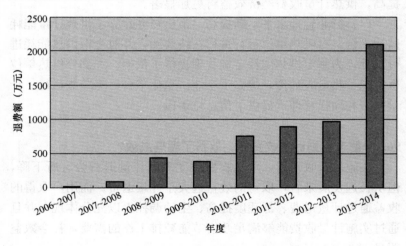

图13 各年度供热计量用户退费额

（2）供热单位得到长足发展

承德热力集团自2004年开始计量收费工作，截止到2014年底，所属各公司供热总面积为2351万 m²，总资产已达到281805万元。与2004年相比，分别提高了505.59％、586.75％。企业经营状况并未因计量退费而下降，反而得到了有效改善，企业自身得到长足发展。

（3）供热能耗明显降低

自实施供热计量改革后，承德热力集团公司通过不断提升技术装备实力和运行管理水平，加之以建筑节能和用户自主调节的节能效益，企业热、水、电三项主要能耗指标逐年降低。2014年热、水、电单耗分别为 0.39GJ/m²、42kg/m²、1.2kWh/m²，煤耗 16kg/m²。与 2004 年分别降低了 16.94%、33.9%、30.86%、23.91%。

（4）社会效益明显

实施供热计量后，整体供热系统能耗显著降低，年可节约标准煤 4 万 t，年减少二氧化碳排放约 10 万 t，节省了 110MW 的新增热水锅炉容量，新增集中供热面积 250 万 m²，避免了新建燃煤锅炉房的重复建设和投资。

97. 榆中县实施计量收费后，取得了哪些成效？

2004 年以来，榆中县对新建和改造后安装了热计量装置的建筑，均实行供热计量收费，热用户通过热计量不仅减少了热费支出，也积极参与供热节能实践，促进供热单位可持续发展，节能减排效果明显。

（1）用户得到了实惠

① 供热计量实现和促进了热用户按照需求调控室内温度，合理用热。

② 计量用户主动添加双层窗户（室温就能提升 2℃）。

③ 供热期间取掉散热器遮蔽罩（仅此能提升室温 1～2℃）。

④ 在同样的供热参数下，用户室内温度普遍提高 3～5℃，室内舒适度大幅提升。

由于有了行为节能，热计量用户采暖期平均热费支出减少约 26%，受益面达 93.5%；用户热费节约明显，提高了参与热计量改造的积极性。例如改革试点初期改造后未实行计量收费的楼宇采暖期每平方米耗热量为 33W，次年实行计量收费后，同一楼宇每平方米耗热量为 27W，耗热量下降 18%。

（2）供热单位走上可持续发展

① 通过计量改造和供热系统变流量运行，实现了供热区域远端和垂直单管系统层间（近热远冷、上热下冷）的供热平衡，供热质量明显改善。

② 传统按面积交费带来的供、用热主要矛盾是供热质量是否达标的争议，供热质量是否达标在很多情况下难以界定，影响因素太多，因此实行供热计量收费极大地缓解了供、用热矛盾，有效降低住户投诉，热费收缴率得到提高。

③ 实施计量收费，单位面积能耗明显下降，改造前采暖期每平方米煤耗为 35kg，改造后采暖期每平方米煤耗为 21.5kg，下降 38%；电耗由改造前的每平方米 1.9 度降到 1.3 度，下降 31.6%；水耗由改造前的每平方米 54kg 降到 37kg，下降 32%。

④ 实施计量收费，在锅炉房设施不扩容的情况下，增加供热面积 40% 左右，供热单位既节省基础设施建设资金，又扩大了供热面积，实现了可持续发展。

（3）节能减排明显

实施供热计量改革后，榆中县每个采暖期可节约燃煤 2.8 万 t，减少二氧化碳排放量 7.408 万 t，减少二氧化硫排放量 320t，减少烟尘排放量 542t、氮氧化物 82t，一定程度上改善了空气质量，促进了蓝天工程建设。

98. 天津市供热计量改革主要做法和经验有哪些？

天津市供热计量改革主要做法和经验有：

（1）建立供热计量行政法规和技术标准体系

天津市出台并施行了《天津市供热用热条例》、《天津市建筑节约能源条例》和《天津市供热计量管理办法》等法律法规，《集中供热住宅计量供热设计规程》等地方标准规范，明确了供热计量工作责任主体、供热计量器具管理、供热计量收费管理等方面具体的政策要求，并从供热计量系统设计、施工、验收和运行管理等环节提出了具体的技术监管要求，为依法计量并推动供热计量改革工作提供了强有力的法律和技术支撑。

（2）形成了以政府为主导、企业为主体、热用户积极配合的工作模式

发挥各级政府的主导作用，加强对供热计量工作的组织和领导，发挥供热、物价、环保、技术监督等职能部门的作用。明确供热单位是供热计量工作的实施主体和主力军，赋予供热单位计量装置的选购、安装和运行维护的权利，以及计量收费的义务。热用户是供热计量工作的重要参与方和推动者，天津市注重对热用户的宣传，提高了热用户参与供热计量的积极性。只有形成三方合力，才能深入持久地推动供热计量改革。

（3）严把新建建筑供热计量关

天津市将供热计量纳入新建住宅项目竣工验收和备案的必备条件之一。只有经市、区两级供热办及供热单位联合进行现场检查并合格后，市供热办才能出具供热证明。供热证明是开发建设单位办理准入证的要件之一，只有取得新建住宅准入证后，开发建设单位才能与购房者办理入住手续。天津市的这一做法从制度上确保了新建建筑供热计量不欠新账。

（4）初步建立了供热计量配套政策管理体系

自开展供热计量改革后，天津市陆续出台了涉及热价、收费、合同管理等方面的配套政策，编制了《居民住宅计量供用热合同示范文本》、《住宅采暖供热计量收费暂行办法》等文件，为推行供热计量收费提供了配套政策的支持。

99. 承德市供热计量改革的主要做法和经验有哪些？

承德市自 2004 年开始供热计量收费工作，到 2014 年底，供热计量收费面积达到 755 万 m^2，约占集中供热面积的 47%。在充分调动各方积极性的基础上，不断摸索和总结经验，出台相关制度及流程，不仅推动了城镇供热改革与建筑节能进程，为用户

谋得了实惠，还使供热单位自身得到了发展，初步形成了一个政府、热用户、供热单位多方推动，寻求共赢的发展格局。主要做法和经验有：

（1）理念趋同、行动一致、相辅相成，寻求共赢的发展格局

结合地区实际情况，承德市地方政府部门充分发挥引导作用，为供热计量改革工作制定了相关制度和保证措施，为热计量工作的开展提供保障。而作为实施主体的承德热力集团，充分认识到实施供热计量改革为供热单位带来的不仅是一次技术上的革新，而是供热单位改变原有高能耗、技术落后的不利局面的必由之路。正是因为主导单位与实施单位在理念上、行动上保持了高度的一致，才逐渐形成了以供热单位为主导、地方政府搭台、寻求共赢的承德特色的供热计量改革模式。

（2）政府搭台、企业主导、多方联动，全力推进计量改革工作

承德市成立了以市长为组长的供热计量及既有居住建筑节能改造领导小组，统一指导全市供热计量及既有居住建筑节能改造工作。各级组织采用自上而下，逐级落实，坚持政府引导、坚持供热单位实施主体、坚持同步推进的原则。住建局、技术监督局、物价主管部门等行政主管部门责任明确，各司其职。市政府赋予热力集团完全的主体地位，由热力集团公司负责热量表选型、技术规范制定、热量表安装过程监督、热量表维护与管理的权利，以及计量收费的义务。

（3）以热量表质量管理为核心，加强节点控制，实现热量表的闭环管理

热量表质量的优与劣及售后服务的好与坏，是开展供热计量收费工作的基础。承德市热力集团建立了热量表质量和型号的选择制度，选用质量过硬、技术先进的热量表。另外，将新建建筑图纸审核、热量表的安装与维护、室内供热系统验收等工作纳入流程式管理。通过多年的探索与磨合，目前形成了以热量表质量管理为核心，通过节点控制，实现了热量表的闭环管理。

（4）坚持热计量全过程的规范管理，确保热计量工作可持续发展

为规范热计量工作的日常管理，承德热力集团从热量表档案的建立、数据的抄录与告知、热量表数据核实、热费结算、故障表处理、热量表检测、热量表运行数据分析及档案管理、热量表湿保养等环节均出台了相关的管理制度和流程，确保了供热计量工作的可持续发展。

（5）加强热用户宣传，是开展热计量工作的重要环节

承德热力集团重视宣传工作，提出了"像水、电一样用热，倡导低碳生活"的宣传语，编制了《供热服务规范》、《热计量宣传手册》、《供热计量改革政策汇编》等多部宣传手册，引导用户科学用热。

（6）推行合同能源管理，促进热计量工作

承德市积极推进合同能源管理模式，为公共建筑热用户做能源审计，提出改造技术方案，安装热计量仪表和自动控制系统，以市场化运作模式重点为公共建筑用户提供节能服务。到目前为止，承德市以合同能源管理方式实现计量收费的公共建筑单位达到 24 个，实现计量收费面积近 50 万 m²，节能率达到 30%～40%，有力提高了公共建筑用户参与供热计量的积极性。

100. 榆中县供热计量改革主要做法和经验有哪些？

近几年榆中县的供热计量收费改革实践证明，正确引导供热单位和居民积极参与供热计量改造，落实供热单位是热计量改造实施主体，统筹考虑供热单位和热用户双方的利益，使供热单位和热用户实现"双赢"，才能达到热计量改革预期的目标和效果。

（1）加强组织领导，提高思想认识

供热计量是将热用户的用热进行量化，而供热计量收费真正促进了"热"的商品化。为了推动供热计量收费改革工作，榆中县成立了由县政府分管领导任组长的领导小组，为全面推行供热计量收费改革提供了强有力的组织保障。积极引导供热单位和居

民参与供热计量收费改革，转变用热观念，有效推进了供热计量改革工作。

（2）实施系统改造，积极稳步推进

改革传统供热按面积收费的方式，推行供热计量收费是供热体制改革的前提和基础。榆中县供热计量改革从系统着手，对热源、热网、热用户系统同步改造联动，改造后形成联动运行，满足系统变流量自行控制运行调节、热用户按需用热、按计量交费的要求。其具体改造内容及步骤如下：

① 热源系统改造。热源系统的改造是供热计量及节能改造的前提，也是供热单位实现节能减排的必由之路。榆中县按照可变流量自行控制运行的要求，主要对热源的生产系统、循环系统进行变流量改造，也推动了供热单位对供热设备及系统的改造提升。

② 热网系统改造。热网系统的变流量改造也是非常重要和必不可少的；一是将原有地沟敷设管道更换为直埋式保温管，提高管网的安全性，减少热能在生产和输送环节的管网热损失。二是在建筑物热力入口设置动（静）态水力平衡阀，保障整个供热区域温度处于均衡状态。

③ 热用户系统改造。热用户系统的改造比较复杂，应根据热用户系统的特点，因地制宜，合理确定改造方式，分类进行，应采用投资经济、简单易行的技术方案，这是用户室内采暖系统热计量及温度调控改造的原则。室内供暖系统改造是以温度调控和热量分配为手段、实现建筑节能目的，双管系统热计量改造比较简单，一户一环，通过安装户用热量表，实现分户计量。

（3）广泛宣传动员，营造参与氛围

转变用热意识，推进供热计量收费，热用户的广泛参与和大力支持起关键作用。为此，榆中县充分利用报纸、广播、电视等媒体，开辟宣传专栏，邀请计量缴费试点受益用户"现身说热"，制作宣传手册、改造范例图版等多种方式，广泛宣传供热计量收费相关政策措施，提高广大市民对供热计量收费的认识和积极性，打好群众参与基础；召开用户座谈会，现场解答用户的疑问，详细讲解供热计量的效果，让热用户明白分户热计量的好处；其次是安排专人接待热用户，入户征求意见，增强热用户对供热计量收费改革的理解与支持，形成良好的舆论氛围，使供热计量收费工作持续深入推进。

（4）明确收费主体，提升收费效率

明确供热计量收费主体也很重要。改革初期，榆中县就明确了供热单位是供热计量收费主体。一是建立收费管理系统，设立个人用热账户，开设供热收费营业大厅，向热用户提供即时缴费及查询业务，实现数字化管理。二是积极推进供热商品化、货币化，采暖费补贴由"暗补"变"明补"，由热用户直接向供热单位交纳采暖费。三是及时改变供热计量收费实行面积封顶、少退多不补的模式。某小区住户678户，改造当年实行面积封顶，超出面积缴费标准的284户，占总住户的41.88%，次年采暖期开始不封顶，超出面积缴费标准的71户，占总住户的10.47%，同比下降75%，形成了用多少热、交多少费的按需供热原则，提升了收费率。四是实施供热计量收费，有力推动了热计量产品及技术的不断完善和提升。

（5）严把建筑关口，多方筹措融资

新建建筑分户计量如何全面推进，改造实施中的资金如何筹措，这都是改造实施中所要面临和解决的问题。榆中县从三个方面严把建筑关口，多方筹措融资。

① 严把新建建筑设计审查、施工关。新建建筑的供热系统必须按分户计量、分室控温的要求进行设计和施工，严把图纸设计审查、开工许可、竣工验收和供热入网等关口，把分户计量、分室控温作为建设项目审批的必备条件。

② 创新计量装置采购机制，严把新建建筑验收关。2007年以来，榆中县认真贯彻落实住房和城乡建设部印发的《民用建筑供热计量管理办法》，新建建筑安装热计量装置坚持"开发商出资，银行专户储存，供热单位采购安装，供热行业主管部门全程

监管"的原则。尽最大努力杜绝新建建筑供热计量再欠新账，避免了新建建筑变成既有建筑现象的发生。

③ 采用合同能源管理模式，主动破解资金筹措难题，拓宽融资渠道，缓解既有建筑改造资金压力。既有建筑改造由合同能源服务公司出资组织实施，改造后受益用户合理负担，用户承担的部分即从采暖期节约的退费中按比例抵扣。窗户及门禁系统的改造由受益居民协商出资，受益居民代表参与，改造公司统一安装。

101. 我国供热计量改革发展方向有哪些？

供热计量改革是大势所趋，民心所向。今后改革的重点将进一步明确，实施机制将进一步健全，技术支撑体系将进一步完善。

（1）供热计量收费将成为改革的核心内容。目前虽然供热计量改革取得了积极进展，但供热计量收费滞后问题越来越突出，所以供热计量收费将成为改革的核心内容。一是政府组织领导力度不断加大。政府是推动供热计量改革的责任主体，各部门的分工和责任将进一步明确，考核评价机制和责任追究机制将进一步完善。二是供热单位主体责任进一步落实。由供热单位负责供热计量和温度调控装置的选型、购置、维护管理以及计量收费等，费用纳入房屋建造成本。符合供热计量条件的建筑，供热单位必须实行供热计量收费，并负责供热计量器具的日常维护和更换。

（2）供热计量改革实施机制将进一步健全。推进供热计量改革必须有一整套实施机制。一是闭合监管机制。在规划、设计、施工等工程建设环节和供热运行环节，将加大监管。二是价格激励机制。供热计量价格的制定将逐步科学合理，实现全成本覆盖，计量收费"面积封顶"政策将被取消。三是约束机制。推进供热计量收费必须纳入法制化轨道，依法进行。今后对于违反供热计量要求的相关单位，将依法处罚。四是市场机制。合同能源管理、PPP等模式将在计量收费中逐步得到推行，产品市场将放开，强制性准入制度将被取消。

（3）技术支撑体系将进一步完善。技术支撑体系是影响供热计量收费是否顺利开展的重要因素。一是供热计量技术进一步提升。智慧热网、供热系统计量调控一体化解决方案将逐步推行，计量装置的耐久性、精度等性能指标进一步提高。二是标准体系进一步完善。现行供热计量设计、施工、验收、运行等标准的协调性将增强，热费分摊、系统调试、产品检测等标准将逐步完善。三是技术路线进一步规范。各种计量技术路线将得到进一步验证，一些无法实现计量收费的技术路线将退出。

参 考 文 献

[1] 住房和城乡建设部/世界银行/全球环境基金.《榆中县供热计量改革经验总结与完善研究》——"中国供热改革与建筑节能项目成果册"[R].

[2] 罗志荣.榆中县供热计量收费案例分析[J].中国计量,2014,11:B39-B41.

[3] 戚仁广.供热计量改革现状与展望[J].建设科技,2013,6.

[4] 戚仁广.推进供热计量的市场机制和政策研究[J].建设科技,2012,18.

[5] 戚仁广.供热计量改革体制机制研究[J].建设科技,2015,2.

[6] Mikael Hansen.丹麦区域供热和计量收费制度[J].供热计量,2014,(10):48-50.

[7] Armin Koehler.德国的集中供热改革经验对中国的启示[J].供热计量,2013,(7):49-51.

[8] Thomas Franzén.瑞典热量表抄表的最新立法[J].供热计量,2013,(6):46-47.

[9] Arto Nuorkivi.芬兰供热计量为何只计量到楼栋[J].供热计量,2013,(5):50.

[10] Simon Siggelsten.欧洲新能效指令[J].供热计量,2013,(4):46-47.

[11] 刘荣.国外热计量现状简介[J].供热计量,2012,(3):21-22.

[12] 辛奇云.调动多方积极性合力推动热改[J],唐山城镇供热,2011,1.